植物的身体

邓兴旺　主编

商务印书馆
The Commercial Press

商务印书馆（成都）有限责任公司出品

总　序

北京大学汇集全国各地青年才俊。我曾在北京大学生物系完成我的本科和硕士研究生学业。五年前我全职回国，进入北京大学进行植物生物学与农业生物技术的教学和科研工作。身在北京大学，我深切感受到年轻学子了解生命科学前沿知识的必要性。在这个知识和信息爆炸性增长、新技术层出不穷的时代，学科和专业的选择越来越丰富。这让我思考：植物生物学作为一门关乎人类与地球生态系统基本问题的学科，如何能吸引更多的学生呢？为此，我和本套丛书编委之一的李磊老师在北京大学开设了课程"舌尖上的植物学"，和丛书另一位编委钟上威老师开设了课程"植物与环境"。这些课程独辟蹊径，以讲故事的方式向北京大学各专业背景的本科学生传授植物生物学前沿知识和基本原理，取得了很好的效果。我深感有必要将这种传播知识的方式推广到北大校墙之外的整个社会，以激发更多青年才俊对植物生物学的兴趣，这就是我组织编写这套丛书的初衷。

在地球生物圈中，植物是不可不提的重要组成部分。它们固定栖息，借助阳光并利用空气中的二氧化碳以及土壤中的水分和无机物制造有机营养物质，供自身生长发育之用。在地球生命的演化过程中，陆生植物的出现是具有决定性意义的事件。植物的身体结构和发育过程随着对陆生生活的适应而逐渐复杂，出现了在形态结构上各具特色的器官，各种器官的功能特化使植物表现出千姿百态的生活习性，形成令人叹为观止的多样性。

植物不但是环境的适应者，更是环境的改造者。光合作用是地球生态系统中有机物和能量的最初来源，由此产生的氧气是所有需氧生物（包括人类）生存的基础。对于人类的生存和发展而言，植物更是起到了至关重要的作用。水稻、玉米和小麦等植物作为主粮供我们充饥果腹；水果、蔬菜和坚果为我们补充营养；植物提供的油料、香料和糖料等丰富了我们的味觉；植物的根系起到了固着土壤、防止水土流失的重要作用；木材和纤维可被用来制造家具与纸张；而花卉和观赏植物则可以美化环境，满足人们精神生活的需求。

虽然植物和我们的生活息息相关，但除了植物学专业的教学和研究人员以外，大多数人对植物的了解仅仅停留在对植物外部形态的简单认识上。而对于植物的组织结构，植物如何感受世界，植物怎样适应环境并改造环境，我们的粮食作物从何而来等植物生存演化的核心问题，相信大部分人都不甚了解。为此，我组织北京大学现代农学院和生命科学学院的李磊老师、钟上威老师、何光明老师和植物生物学专业的研究生、博士后们编写了这套丛书的前三册。在这三册书中，我们对这些问题进行了通俗的解答，希望能让每一位受过中学以上教育的国人，无论是否学过植物学相关专业，都能阅读并喜欢这套丛书，并从中了解生命科学的一些基本原理和前沿知识，进而了解我们身边的植物世界。

一个有知识的社会人，无论处于何种岗位，都应该对日常所见植物背后的科学道理有所了解。本丛书力求将复杂的植物学知识和前沿科技故事化、趣味化，并与我们的日常生活结合起来。我们争取让大家能够像阅读经典文学作品一样阅读科学书籍，让这套书成为有志向、有修养、想作为的人想读、爱读、必读之书。在内容上，该丛书尽量保持前沿性和准确性，不求全面，但求经典，以便读者更好地理解和欣赏。

本丛书前三册为《植物的身体》《植物私生活》《植物与食

物》，涉及植物从内到外的各个方面。编者在撰写过程中难免有考虑不周的地方，欢迎读者提出宝贵意见。此外，丛书出版后，我们还会不断对其进行延伸和补充。关于丛书后期续写的主题，也欢迎大家提出建议。

邓兴旺

于北京大学

2019年7月1日

前　言

　　从形态结构上看，绝大部分植物包括根、茎、叶、花、果实和种子六大器官，每个器官又由功能各异的组织组成，而每一种组织又由生命体最基本的功能单元——细胞构成。关于植物细胞、组织和器官的具体结构与功能，虽有专业书籍进行详细介绍，然而，对于非专业读者而言，这些书籍的大部分内容较难理解。本书旨在对这些知识进行通俗化阐述，使读者初步了解植物独特的结构和功能及其背后的基本原理。

　　全书共分为五章，第一章《微妙世界》介绍植物细胞神奇的显微结构，第二章《强健体魄》和第三章《传宗接代》分别介绍植物营养器官（根、茎、叶）和繁殖器官（花、果实、种子）的独特结构和功能，第四章《幕后推手》介绍植物生长发育背后的基本原理，第五章《多彩王国》介绍一些有趣的植物现象并对其进行初步解释。每章的内容均以小故事的形式呈现，在讲述过程中尽量避免使用过于专业的词语，必须使用的，为了便于理解，会在词后加注解释。

参与本书编写的人员包括：陈家悦、陈少霞、迟骁灵、仇心钰、邓兆国、樊德、范阳阳、高照旭、韩雪、李丛冉、李健、李昆仑、李鑫、李羽帆、林芳、林晓莉、林泽川、凌俊杰、刘守成、刘文文、秦难寻、任荻秋、孙林华、孙宁、汪加军、王笑一、王鑫、王训成、王玉秋、文启明、徐超、徐米琪、杨晶、杨文一、于仁波、余晓丹、袁艳芳、张祎、甄刚、朱盼。本书部分插图由万苗苗绘制。

最后，感谢商务印书馆大力支持本套丛书的出版。由于丛晓眉女士、陈涛先生高效而精心的工作，丛书得以付梓，在此致以诚挚谢忱！

编委会：邓兴旺

李 磊

钟上威

何光明（执行主编）

目　录

第一章　微妙世界

第二章　强健体魄

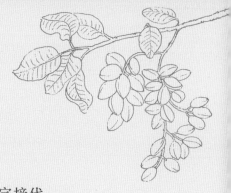

第三章　传宗接代

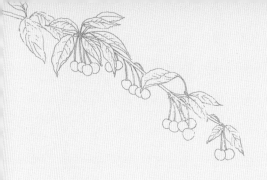

第四章　幕后推手

第五章　多彩王国

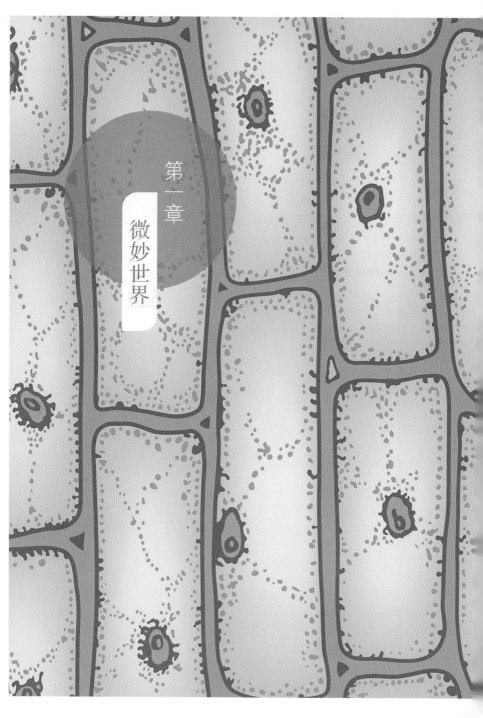

第一章

微妙世界

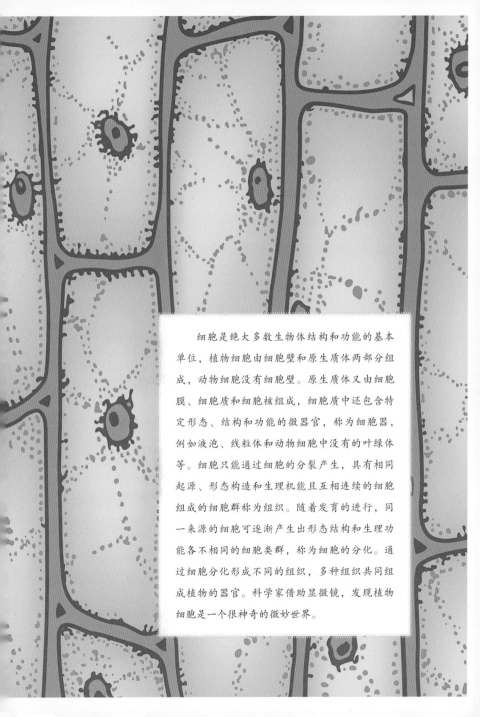

　　细胞是绝大多数生物体结构和功能的基本单位，植物细胞由细胞壁和原生质体两部分组成，动物细胞没有细胞壁。原生质体又由细胞膜、细胞质和细胞核组成，细胞质中还包含特定形态、结构和功能的微器官，称为细胞器，例如液泡、线粒体和动物细胞中没有的叶绿体等。细胞只能通过细胞的分裂产生，具有相同起源、形态构造和生理机能且互相连续的细胞组成的细胞群称为组织。随着发育的进行，同一来源的细胞可逐渐产生出形态结构和生理功能各不相同的细胞类群，称为细胞的分化。通过细胞分化形成不同的组织，多种组织共同组成植物的器官。科学家借助显微镜，发现植物细胞是一个很神奇的微妙世界。

巨人细胞

在美国探索频道制作的一档非常火的写实电视节目《荒野求生》中，最令人印象深刻的应该就是主持人贝尔"一切通吃"的嘴以及"无懈可击"的胃，不过这些只是支持他在恶劣环境中生存的一部分，另一部分则是他对大自然丰富资源的充分利用。比如，他在多期节目中利用植物坚韧的纤维制作出结实牢靠的绳子，作为危险条件下的求生工具。而那么长的一段纤维，其实只是区区几个细胞。除了通常只能在显微镜下才能观察到的绝大部分植物细胞以外，植物中还有一些非常大的细胞，像组成苎麻（*Boehmeria nivea*）茎干外部麻皮的纤维细胞甚至可以达到半米的长度，应该算是植物界的"巨人细胞"了。一般来说，植物细胞要比动物细胞大一些，重要的原因就是植物需要"坚硬"的细胞壁来维持细胞的形态，而动物细胞很柔软，如果过于大，不仅影响自身的代谢效率，结构上也会难以维持。当然，有报道说长颈鹿的神经纤维细胞可以长达3米，可谓细胞界的"珠穆朗玛峰"。

尽管苎麻茎的纤维细胞很大，但从植物细胞的分类上来讲，它和梨的石细胞是同类的，同属厚壁细胞。"厚壁细胞"的说法来源于希腊语，意思是"hard"，这恰恰反映了厚壁细胞的特点，也正是其细胞壁相较于其他细胞具有格外的坚硬度，使得其在支撑细胞，尤其是支撑"超长"细胞时"得心应手"。厚壁细胞的壁之所以如此坚硬，一方面是因为其组成成分除了纤维素以外，还有更多的木质素（植物体中一种天然的高分子聚合物，具有极高的硬度）；另一方面，厚壁细胞具有坚固的次生壁（细胞停止生长后，在最初产生的初生壁的内侧继续积累形成的一层细胞壁），从而使细胞壁加厚加固。这样的结构也导致厚壁细胞在成熟后完全丧失生理活性，成为死细胞。

另一类比较广泛存在的细胞是薄壁细胞，顾名思义，这类细胞的细胞壁都比较薄。这类细胞不像厚壁细胞，它们在成熟后依然具有细胞分裂的能力，在叶、根、果肉等位置都存在。我们吃西瓜的时候看到的一颗一颗的果肉粒其实就是薄壁细胞。这类细胞大部分的体积被液泡（植物细胞特有的由膜包被、充满液体的泡状结构）占据，所以才有我们吃西瓜时的鲜嫩多汁。薄壁细胞所发挥的功能十分重要，从能进行光合作用的叶肉组织，到我们都爱的多肉植物的"保水组织"（由缺少叶绿体但富含水分的薄壁细胞组成），再到种子中贮藏营养的组织，薄壁细胞无所不在，绝对算得上"全能王"。

最后一类细胞是厚角细胞，是一类细胞壁不均匀增厚的细胞。这类细胞主要为正在生长的叶片和茎尖提供结构支持。同样是细胞壁的加厚，相较于厚壁细胞来说，厚角细胞通常是初生壁而非次生壁的加厚。

说完了细胞壁的类型，我们再来聊聊细胞的大小。植物细胞的大小处于一个很大的区间，像之前提到的苎麻茎纤维细胞以及西瓜瓤的薄壁细胞都是肉眼可见的，而更多的是肉眼不可见的细胞，就像罗伯特·胡克（Robert Hooke）最早用显微镜看到的软木塞上的那些。不过这里我们并不打算讨论这种大小的差异，因为如前文所说，它们不是同一类型的细胞，不具有可比性。这里要讨论的是植物体活细胞的大小是由什么来控制和影响的。

我们知道细胞增大时表面积与体积之比会减小，物质交换效率随之降低。同样的体积，长方体要比立方体拥有更大的表面积，而植物拥有细胞壁来维持长方体的结构，动物则没有。

另外一点，植物细胞内部的大部分都被中央大液泡占据，因此实际需要进行物质交换的细胞质只有很小的体积。这些植物特有的细胞结构特征为出现大型植物细胞提供了基础。

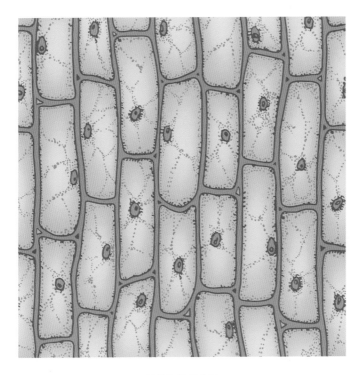

植物细胞轮廓图

　　在此基础上，我们再来看是什么在影响细胞的大小。一个重要的影响因素就是倍性，也就是一个细胞含有的染色体（细胞核中遗传信息的载体，由DNA和蛋白质组成，因易被碱性染料着色而得名）的套数。多倍体含有多套染色体，通常个体都会更大，其细胞也会更大。我们现在吃的一些"巨型"草莓，就是多倍体，而原产欧亚大陆的野生草莓都是二倍体，个头也要小很多。产生多倍体的原因之一是细胞的"核内复制"，这是一种细胞中染色体进行了复制但细胞本身并不分裂的现象。我们知道，细胞周期分为分裂间期和分裂期，在分裂间期，染色体（准确地说是组成染色体的DNA）会发生复制。如果一些促进从间期进入分裂期的基因出现了问题，细胞也就无法再进行后面的分裂，同时，对细胞分裂起抑制作用的基因开始表达，使细胞从正常的分裂转向核内复制，细胞的倍性会随之增加，细胞和器官的大小也会发生相应的变化。通过核内复制多复制出来的基因组（一套完整的单倍体的DNA）可能增强了细胞的整体代谢能力，从而使细胞增大。

　　不过，对细胞周期的影响也并不一定造成倍性的变化，但却可以影响细胞的大小。曾经有人对拟南芥（*Arabidopsis thaliana*，一种广泛用于科学研究的模式植物）的茎尖进行细胞观察，就发现，人为促进其细胞间期中的DNA合成期，会使细胞显著变小。这就相当于加速了细胞的正常分裂，使其在还没有长到自然状态大小的时候就进行分裂。相反，如果人为抑制DNA合成期，细胞则会变大。但无论变大变小，对细胞正常分裂的这种干扰都会对植物造成显著的负面影响。

有趣的是，无论什么原因引起的细胞大小变化，在发生变化之后，生物都会调整细胞的数量来进行平衡，以保证整体的生物量在正常范围之内。这些过程与生长素（一种促进植物生长的激素）及其与其他激素的协同调控有很大关系。生长素在本书很多章节都有提及，只要提到细胞的延伸、组织的生长，多半离不开它。

植物主要有三种基本细胞类型——厚壁细胞、薄壁细胞和厚角细胞，他们的形态与功能千差万别。我们讨论细胞大小只是从形态上对植物细胞进行粗线条的勾勒。另外，我们提及了细胞大小的调控因素，以及细胞数量与大小之间的平衡。一个做相关研究的生物学家第一次看到长长的苎麻茎的纤维，他想到的第一个问题会是：是细胞数量多了，还是细胞体积大了？但如果是贝尔看到了，我想他问的一定是：能吃吗？能用吗？

钢铁铠甲

在我国东北有一种树可以用"你有你的铜枝铁干，像刀，像剑，也像戟"来描述，但却不是舒婷笔下的橡树，而是东北最硬的树，它叫铁桦树（赛黑桦，*Betula schmidtii*）。铁桦树木质致密，放到水里面不会像一般的木材浮起来，而是下沉至水底。铁桦树以硬著称，它的硬度比普通钢铁还要高一倍，因此铁桦树的木材有时可用作金属的替代品来制作车轴等。

为什么铁桦树硬度如此之大呢？要了解其中的原因，我们须要从细胞、组织和器官这三个层次来认识铁桦树。细胞是生物体最小、最基本的结构和功能单元，组织由形态相似、功能相同的许多细胞构成，而器官则是由多个相互关联的组织按照一定的次序组合形成的。植物的硬度最宏观上取决于器官的硬度，器官的硬度又主要取决于机械组织，机械组织是对植物起支撑和保护作用的组织。植物的硬度最微观上取决于细胞的硬度，而细胞的硬度主要由细胞壁决定。

早在1665年，英国皇家学会会员罗伯特·胡克就在他的《显微图谱》（*Micrographia*）一书中描述到，他用自制的显微镜观察木栓的结构，发现其中有许多蜂窝状的小室，他将其称为"cell"。然而，胡克所观察到的"cell"并不是真正的细胞，而是由已经死亡的细胞的细胞壁围成的小室。细胞壁是植物细胞最外层的结构，它包围着原生质体（植物细胞脱掉细胞壁后的部分），具有一定的硬度和弹性，是一个高度动态变化的复杂结构。我们可以打一个简单的比方来形象地解释细胞壁和原生质体这两个概念：如果把一个鸡蛋看作是一个植物细胞，那么蛋壳就相当于细胞壁，蛋壳里面的那一层膜相当于原生质体膜，膜和膜里面的蛋黄、蛋清一起则相当于原生质体。当然，这个比方也存在一些问题，如细胞壁是可以延展的而蛋壳不可以，细胞壁可以参与物质的运输、信号的感知等，而蛋壳则不具备这些功能。

细胞壁对植物的生长发育具有重要的作用，主要包括为植物提供强大的机械支持，参与调控植物细胞的生长，参与细胞间的物质运输，参与植物的防御反应抵御微生物的入侵，等等。细胞壁又是如何实现这些功能的呢？要弄清楚细胞壁的这些功能，我们首先须要对细胞壁的结构有一定的了解。细胞壁从外到内主要分为胞间层、初生壁和次生壁。胞间层位于两细胞之间，是植物细胞的最外层，是植物细胞形成时最先出现的细胞壁组成部分，主要由果胶质构成，它像胶水一样使相邻的细胞彼此粘连。初生壁是植物细胞生长过程中最初形成的细胞壁，存在于所有活细胞中，其主要成分包括纤维素、半纤维素、果胶多糖和蛋白质。初生壁一般较薄，柔韧性较好，能够维持植物细胞的形态，同时也随着植物细胞的生长而不断延展。次生壁的形成比初生壁晚，往往是由停止或部分停止生长的细胞的初生壁内侧加厚形成的，一般比较厚。次生壁中纤维素含量较高，其组成成分排列紧密，因而具有较高的硬度，但延展性较差。

此外，细胞成熟后，原生质体会合成并分泌一些化学物质整合到细胞壁之中或者覆盖于细胞壁表面，从而使得细胞壁具有更高的硬度，或者使得细胞壁的透气性、透水性降低。这些分泌物中最常见的是木质素，木质素是一类高分子聚合物，能够显著地增加细胞壁的硬度，从而增强细胞的机械支持力。木质素增加细胞壁的硬度情如钢筋强化普通砖头砌的墙。覆盖于器官最外侧细胞壁外表面的物质主要有角质、蜡质、木栓质等，它们可以有效地减少水分的蒸发，防止微生物等的侵害，就像刷在墙上的石灰和水泥粉保护墙那样，对细胞壁起保护作用。

机械组织中细胞的细胞壁均有不同程度的加厚，具有较高的硬度。根据细胞壁加厚方式的不同，可将机械组织分为厚角组织和厚壁组织。厚角组织中的细胞初生壁不均匀加厚，且细胞壁中不含有木质素。该组织既在一定程度上增加了植物器官的硬度，又不影响器官进一步的正常生长。厚角组织往往存在于幼茎、叶柄和叶脉中，在铁桦树的树干中起机械支持作用的主要是厚壁组织。厚壁组织中细胞的次生壁均匀加厚，且随着细胞的成熟逐渐分泌大量的木质素到次生壁中，原生质体逐渐减小直至完全消失成为死细胞，故而厚壁组织能够最显著地提高植物的硬度和机械支持能力。厚壁组织中存在两种类型的细胞：石细胞和纤维细胞。石细胞形态上相对较短，常见的梨的果肉中的硬颗粒主要就是由石细胞组成。纤维细胞通常是狭长的细胞，穿插连接，常以成束或成片的形式存在。纤维细胞的细胞壁通常极大加厚，因而具有坚硬、抗压力强的特征。

树干由内到外可以分为四个部分：心材、边材、形成层和

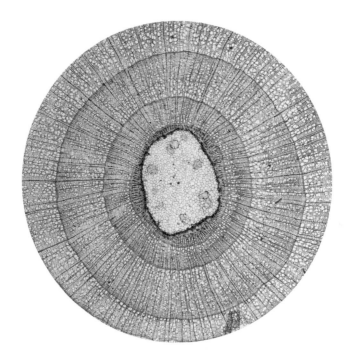

树木茎段横切显微图

树皮。心材最靠近中央部位，由于细胞的壁和腔里逐渐沉积树胶、树脂和色素等物质，这一区域的颜色较深，且质地致密。心材全部是由没有生命活动的死细胞构成，它坚硬、抗腐蚀，主要起支撑作用。心材的外周是边材，边材的颜色较浅，质地也较疏松，能够输送水分和营养物质。随着树干的生长加粗，内侧的边材不断老去，变成新的心材，心材的量逐渐增加；同时，外侧的边材不断更新，使边材在量上基本保持稳定。心材的增加可以支撑因树干增长而增加的负载。心材和边材合称木材。形成层是树干中具有分裂和分化能力的薄层细胞群，其功能是分化形成其他细胞和组织，维持树干的生长。而树皮主要起保护树干的作用。

　　介绍了细胞壁、机械组织和树干，我们就不难理解为什么铁桦树的木材犹如钢铁铠甲一样坚硬了。原来，与其他树木相比，铁桦树木材中的机械组织更加发达，且机械组织的细胞壁极大加厚和木质化，纤维素排列也更加致密，这使得铁桦树具有超乎寻常的硬度和密度。

绿色工厂

　　万物生长靠太阳，地球上绝大部分生物的生命活动都依赖着太阳。生物圈中的能量归根结底都来自于太阳，比如我们每天吃的各种食物，这些食物提供了维持我们身体各项生命活动的能量，这些能量都直接或者间接地来自于太阳。那么太阳的能量是如何进入生物体内的呢？吸收太阳光能并将其转化成生物能主要是通过植物的光合作用来实现的，而光合作用的进行则是通过绿色植物细胞内一种特有的细胞器（细胞内具有一定形态和功能的微结构）——叶绿体来完成的。叶绿体就像是植物体内的绿色工厂，为植物的生长和发育提供必需的物质和能量基础。

　　要想知道叶绿体是如何进行光合作用的，首先要了解它的结构。叶绿体是植物细胞内一种呈圆球形或者椭圆体形、用于合成和存储能源物质的细胞器，它含有光合作用的重要物质：

叶绿素。叶绿素能够吸收太阳光中除绿光以外的其他大部分可见光线（主要是红光和蓝紫光）用于光合作用，绿光由于大多不能被叶绿体吸收而被反射出来，从而使叶绿体呈现绿色。含有叶绿素的叶绿体是绿色的，含有叶绿体的植物细胞、组织和器官（主要是叶片）也就是绿色的了。

叶绿体有内外两层生物膜（"叶绿体外膜"和"叶绿体内膜"）。内膜和外膜之间的空间称为"膜间隙"。叶绿体的内膜和外膜结构略有不同，外膜通透性较强，有利于各种营养物质自由进入膜间隙，而内膜的通透性较弱，较小的分子例如氧分子、二氧化碳分子可以自由进出，而较大的分子则须要借助叶绿体内膜

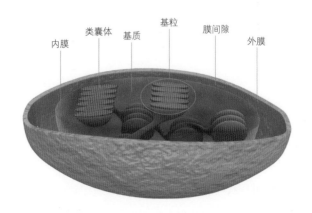

内膜　　类囊体　基质　　基粒　　膜间隙　　外膜

植物细胞中叶绿体结构示意图

上一些蛋白的帮助才能进出叶绿体。

　　叶绿体内膜以内还有非常复杂的膜结构，组成这些膜结构的膜叫作"类囊体膜"，不同于叶绿体内膜和外膜。由单层类囊体膜分隔出一个个称为"类囊体"的圆盘状扁平小囊。许多类囊体堆叠在一起形成基粒（就像餐馆中堆放着的一摞盘子），叶绿体中有很多这样的基粒，基粒与基粒之间也通过类囊体膜相互连接。类囊体膜上含有光合色素（主要是叶绿素），是光合作用发生的重要场所，因此也被称为"光合膜"。类囊体膜的这种堆叠方式在很大程度上扩大了膜的面积，有利于叶绿体更高效地进行光合作用。叶绿体类囊体膜之间的空间称为"叶绿体基质"，是含有许多可溶性酶、淀粉粒、叶绿体基因组以及其他各种无机盐和有机物的水溶液。叶绿体内的这些膜结构以及基质对于光合作用至关重要。

　　光合作用是绿色植物吸收光能，将水和二氧化碳转化为有机物并同时释放出氧气的过程，包括光反应和暗反应两个过程。光反应过程需要光照才能进行，暗反应过程则不需要光照。

　　光反应过程在叶绿体的类囊体膜上进行，作用是将光能转化为化学能。这是个极其复杂的过程，需要非常多的蛋白协同完成。这些蛋白往往不单独工作，而是聚合成蛋白复合体并结合在类囊体膜上，形成非常精妙的光合机器。这些位于类囊体膜上的蛋白复合体能够通过一系列的物理与生化反应将光能吸收并存储在生物体内的一些中间载体上，这些临时存储的能量可在需要时进一步转化用于各项生命活动。叶绿体将光能临时存储到中间载体上，需要通过一系列的氧化还原反应来实现。氧化还原反应是生物体中一类基本的化学反应，其实质是电子的得失（反应中的物质失去电子的作用称为"氧化反应"，与此相反，得到电子的作用称为"还原反应"），通过这样的反应，就可以将电子从一种物质（电子供体）转移到另一种物质（电子受体）。

科学家们经过长期的研究，发现光反应中的原初电子供体是H_2O（水）分子。在释放氧气和质子H^+的同时，电子从H_2O开始，通过一系列中间载体依次传递，这些中间载体组成了电子传递链。当光照在类囊体膜上时，电子在传递链中被激活到高能态，其在传递链中的传递导致两类重要物质ATP和NADPH的产生。ATP是一种高能化合物，它能够临时储存光反应过程中吸收的太阳光能。通过上述光反应，植物就能够将阳光中的光能吸收，并以电能（电子传递）为过渡，最后以化学能（ATP）的形式存储起来。但ATP并不稳定，不能作为能量长期存储的载体。NADPH是一种还原剂，结合了高能态电子，为生物体内许多代谢反应提供驱动力和电子。

　　光合作用的暗反应过程在叶绿体基质中进行。光反应过程的产物ATP为暗反应过程提供能量，并以光反应产生的NADPH作为还原剂，使得二氧化碳和水相互反应生成有机物。这里的二氧化碳是通过自由扩散进入叶绿体的，而所生成的有机物（糖、淀粉）则可以作为光反应过程中吸收的太阳能的稳定载体存储在叶绿体内，为后续的生命活动提供物质和能量。ATP在释放了其中的化学能后变成低能态中间体，再次进入到光反应过程中去。

　　通过不断循环进行光反应和暗反应，二氧化碳被植物吸收并在叶绿体内与水反应生成有机物，同时，太阳光能在叶绿体内也被转化成化学能储存在有机物中。一个个叶绿体就仿佛一个个绿色的工厂，源源不断地吸收太阳能合成有机物，供植物生长发育之用。

最小储物间

在电影《神奇动物在哪里》中，魔法动物学家组特拥有一个可以装下许多神奇动物的小小手提箱，这令很多人羡慕不已。植物的身体虽然没有魔法，但却也拥有那么一个小小的储物间，里面装满了植物生长发育整个生命过程所需要的物质和能量。这个储物间就是植物细胞中一种特殊的结构——液泡。

植物中每个成熟的细胞均有一个中央大液泡（最大可占整个细胞体积的90%），液泡是一种由单层生物膜包裹着细胞液的细胞器（细胞质内的微结构）。早期大家都简单地视液泡为没有功能的细胞器或者仅仅是废弃物的存储站。随着研究的深入，人们发现液泡参与细胞基本形态的保持、营养物质的储存、有害物的区域化隔离、细胞内稳定环境的平衡以及植物对外界环境的积极响应等过程。

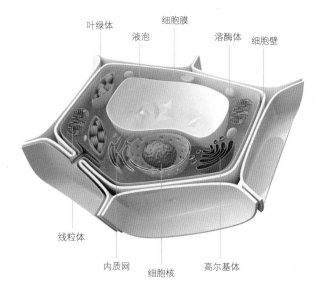

植物细胞内部结构图

　　日常生活中我们所看到的花朵、蔬菜以及果实五彩缤纷，
是由液泡中的花青素成分及液泡所含液体的酸碱度不同造成
的。花青素是一类水溶性色素，本身是无色的，但能随着溶液
酸碱度的变化而呈现出不同的颜色，它就像是一个变色龙，中
性条件下呈紫色，酸性下呈红色，碱性下呈蓝色。秋天，糖分
的积累使得叶片液泡液呈酸性，酸性条件下，花青素呈红色，
这就是秋天我们能看到红色枫叶的原因。花青素广泛存在于自

然界中，"接天莲叶无穷碧，映日荷花别样红""满园花菊郁金黄，中有孤丛色似霜"，大自然的五彩斑斓都是拜它所赐。

植物是静止不动的，为了保护自身，抵御来自动物和病菌的侵害，植物发展出了一套防御机制，即主要通过一些次生代谢物质（植物为适应特定的环境产生的一些对于植物正常生长发育非必需的小分子有机化合物）来进行防卫，而这些物质主要储存在液泡中，在植物被动物取食时被释放出来。2015年有报道称中国留学生在英国把黄水仙当成蒜薹吃导致中毒，黄水仙的毒性来源即为储存在液泡中的生物碱（生物体产生的碱性化合物）。而植物的有些次生代谢物却可用于医疗，例如长春花中产生的一种生物碱，对于治疗肿瘤和心律失常等疾病有一定的疗效。

"拔根儿"是大家小时候常玩的游戏。两根杨树叶柄交叉在一起，双方各拿着叶柄的两头，然后向相反的方向用力拽，谁的叶柄断了，谁输。游戏中叶柄的状态直接决定了最后的胜负。为了让手中的叶柄更加结实耐拽，大部分小孩会选择将叶柄放在自己的鞋中，并将鞋穿在脚上来增加自己的胜算，当然也有聪明的小孩直接用盐水浸泡叶柄。那么为什么被臭脚丫碾轧过的叶柄会变得更加结实呢？这是因为嫩叶柄的液泡中充盈着水分，让整个细胞水嫩嫩的。脚汗中含有较高浓度的氯化钠和氯化钾等，液泡膜具有"选择透过性"。由于渗透作用，被脚汗浸泡过的叶柄细胞液泡中的部分水分跑到脚汗中去了，嫩叶柄中的水分减少，从而变得更加结实抗拉。用盐水浸泡也是同样的道理。

通过介绍"拔根儿"游戏，我们知道液泡这个小小储物间除了可以储存水、次生代谢物、无机盐、氨基酸和糖类等物质，还可以通过液泡膜上的膜蛋白（相当于储物箱的门）来调节膜内与膜外相关物质的运输和储存，从而维持细胞内的稳定状态，提高植物对外界环境的应变能力和生存能力。例如，土壤的盐渍化会严重影响植物的生长，植物抵挡盐胁迫的最主要策略之一，是通过液泡膜上的一种转运蛋白使细胞质中过多的钠离子被转运隔离在液泡中，以保证植物在盐胁迫下正常生长。另外，随着现代工农业科技的高速发展，土壤的砷污染也越来越严重。砒霜就是砷的氧化物——三氧化二砷。土壤的砷不但会破坏植物体内的叶绿素，还会通过参与植物的发育进入果实，一旦被人食用会致癌。如何修复这些被砷污染的土壤呢？中国科学院的科学家们在产雄黄矿（其主要成分是四硫化四砷）的地方发现了一种叫蜈蚣草（*Eremochloa ciliaris*）的植物，它吸收砷后，会将砷转移并储存在液泡中，使其叶绿体不受砷的影响，故而蜈蚣草在富含砷的土壤中也能正常生长。科学家们将这种蜈蚣草种植于被砷污染的土壤中，达到了修复土壤的目的。

钙离子（Ca^{2+}）是植物整个生长发育过程和对外界环境刺激应答的关键调节因子。细胞内的大部分Ca^{2+}储存在液泡中，通过液泡膜上的离子通道（一种允许特定离子通过的孔状蛋白质）控制Ca^{2+}进出细胞，从而调控细胞内外的Ca^{2+}平衡，避免胞质内Ca^{2+}浓度过高而对植物造成伤害。在地球重力的作用下，植物在生长过程中，根为了更好地吸收水分、矿物质和养分，其生长方向与重力方向一致，是向下的，称为"正向重力性"；而植物的茎为更有效地进行光合作用以及避免病虫害，其生长方向与重力方向相反，是向上的，称为"负向重力性"。将垂直生长的拟南芥幼苗水平放置，短时间内会发现细胞质中钙离子浓度上升，随后的实验证明，这是液泡膜上的钙离子通道打开，钙离子从液泡中释放出来导致的。细胞质中钙离子浓度上升会诱导生长素的不对称分布，而生长素是促进生长的一类激素，它的不对称分布会使植物的茎和根进行不对称弯曲生长，最终茎和根分别继续保持向上和向下生长。

有研究表明，植物的液泡还参与了细胞的程序性死亡，即在多细胞生物中，个体受到病理或生理胁迫时，为了维持生物自身的稳定发展以及更好地适应环境，而使某些细胞启动的一种有序死亡的方式，例如生活中我们常见的叶片衰老掉落、植物感菌后的局部坏死等，都是由细胞的程序性死亡造成的。2016年，日本科学家大隅良典（Yoshinori Ohsumi）因在揭示细胞自噬机制方面的贡献而被授予诺贝尔生理学或医学奖。细胞自噬是细胞降解自身在生命活动中所产生的受损伤的大分子物质或者细胞器的过程。早在1993年，大隅良典在酵母中发现，液泡参与了细胞自噬过程。2013年，清华大学的刘玉乐教授发现，在植物中液泡也同样参与细胞自噬过程。

液泡作为植物的储物间，不仅维持着细胞的正常形态，储备着植物生命过程所需要的营养物质和用以抵御取食者的次生代谢物，收纳并区域化隔离细胞内的有毒有害物质，保护植物在逆境中免受伤害，调节细胞内外的离子浓度，使得细胞保持一个稳定的内环境，同时还发挥着垃圾回收利用站的作用，提高了细胞的工作效率。

神奇缩身术

　　我们在中学生物学课上都接触过这样一个实验：撕取紫色洋葱表皮，放在载玻片上，在一侧滴入适当浓度的蔗糖溶液，然后在另外一侧用吸水纸吸，显微镜下可观察到细胞中的紫色大液泡逐渐由大变小，紫色也随之由浅变深，原生质体（植物细胞除去细胞壁后细胞膜包裹的部分）与细胞壁逐渐分离——这个过程在生物学中被称为"质壁分离"；接着，我们再在载玻片一侧滴入清水，然后在另外一侧用吸水纸吸，显微镜下可观察到细胞中液泡逐渐变大，紫色也逐渐由深转浅，原生质体逐渐向细胞壁靠近——这个过程被称为"质壁分离复原"。细胞这样一种可逆的"神奇缩身术"现象是如何发生的呢？

　　原来，中央液泡赋予了细胞膨胀压力（膨压），使原生质体膨胀，而细胞壁作为一道包住原生质体的刚性屏障，可以抵

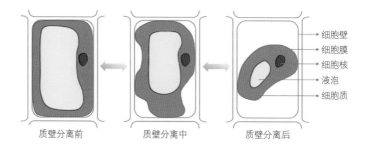

质壁分离前　　　　　质壁分离中　　　　　质壁分离后

植物细胞质壁分离示意图

抗膨胀。因此，在正常情况下，细胞膜会因为液泡的膨压而紧
紧贴在细胞壁上。包括细胞膜和液泡膜在内的原生质膜具有选
择透过性，水分子可以自由通过。当加入蔗糖等溶液时，细胞
外溶液的浓度大于细胞液的浓度，这样，根据渗透平衡原理，
细胞里面的水分子就会透过原生质膜进入到外界溶液中，从而
使整个细胞都出现一定程度的收缩。但由于细胞壁的结构弹性
非常小，它的收缩性远没有原生质体那么大，因此，随着细胞
的不断失水，原生质体就会与细胞壁逐渐分离。而液泡作为维
持植物细胞膨压的细胞器，则会随着水分外流和膨压的降低逐
渐缩小，紫色色素由于不能透过液泡膜而一直留在液泡中，所
以细胞颜色会逐渐加深。而后加入清水，上面的过程会发生
逆转。

　　质壁分离和复原这样一个看起来很简单的现象在生物学实验中却有很多用途。例如，细胞壁的存在对于质壁分离的发生和复原是不可缺少的，而动物细胞中是不存在细胞壁的，因此，质壁分离现象可以用来区分植物细胞和动物细胞。另外，我们可以根据其能否进行质壁分离和复原，来判断植物细胞是否已经死亡。我们还可以通过质壁分离来测定不同植物的细胞液浓度。例如，可以用一系列浓度从小到大的蔗糖溶液来分别处理植物组织，进而观察其中的细胞是否会发生质壁分离，刚好不能引起质壁分离的蔗糖浓度就是该植物细胞液的浓度。

　　虽然研究表明，质膜本身并不像气球那样具有明显的弹性，但是令人惊奇的是，在质壁分离过程中，原生质体的体积最多可以缩小至原来的15%！那么在原生质体发生如此大的体积变化的过程中，质膜表面又是如何维持的呢？

　　1912年，科学家黑希特（Hecht）对质壁分离状态下的洋葱表皮细胞进行了细致的显微观察。他在收缩的原生质体和细胞壁中间观察到，有细丝状结构连接着分离的原生质体和细胞壁内侧，这种结构后来就被命名为"黑希特细丝"。在质壁分离及复原过程中，黑希特细丝可以起到保护质膜表面的作用。

　　在细胞中，还有一种与黑希特细丝形态相似的原生质细丝结构，即胞间连丝，它是穿越细胞壁、连接两个相邻细胞的原生质体的细丝，负责细胞之间物质和信息的"沟通"。科学家们在质壁分离状态下的邻近细胞之间也观察到了胞间连丝。因此，曾经有人推测附着在细胞壁上的黑希特细丝就是胞间连丝。但是，在表皮细胞没有胞间连丝的情况下，依然可以在其质壁分离过程中观察到黑希特细丝，这说明质壁分离过程并不依赖于胞间连丝的存在。

除了黑希特细丝外，细胞中还有其他结构在原生质体的体积变化中起重要作用。细胞作为动态的整体结构，是一个由细胞壁、原生质体膜和细胞骨架共同形成的连续体，可以感知外界变化并且做出快速反应。细胞骨架是细胞中由蛋白质聚合而成的三维纤维状网架结构体系，对质壁分离和复原过程中细胞形态的维持以及细胞内部结构有序性的保持是不可缺少的。另外，细胞中交织分布的膜系统也在质壁分离和复原过程中起着非常重要的作用。它可作为支架辅助细胞骨架的重塑，进而帮助原生质体快速恢复。除此之外，细胞中膜系统具有一定的流动性，在质壁分离过程中，质膜可以与液泡膜进行交替，在不影响细胞功能的基础上改变原生质体的表面积与体积之比。植物采用这些看起来错综复杂的"手段"，保证了细胞能够在一定程度上"伸缩自如"。

实际上，质壁分离和复原这样一个可逆的"神奇缩身术"现象不仅在实验条件下可以观察到，在我们日常生活中也随处可见。例如夏天烈日下的盆栽植物，如果我们忘记浇水，植物的叶片就会出现萎蔫，此时，如果立刻浇上大量的水，植物不但不能恢复正常，反而会死亡。这是因为给萎蔫的叶片浇水后，叶片细胞的细胞壁吸水迅速膨胀，原生质体吸水相对较慢，从而导致细胞长时间处于质壁分离状态而不能再复原，最终造成叶片细胞死亡。正确的做法应该是在发现植物的叶片出现了萎蔫时，马上将植物搬至阴凉处，向叶子喷些水，再浇上少量的水，让植物的茎叶逐渐恢复正常。除此之外，自然界中的很多逆境胁迫，如冷冻、干旱和盐胁迫等，也会引起液泡中的水分外流，进而导致细胞内水分对细胞壁的压力下降，造成质壁分离。了解质壁分离和复原现象及背后的机制，人们便可以在日常生活和农业生产中更好地利用该现象，例如抑制植物在逆境胁迫下质壁分离的发生，或者在发生了质壁分离的情况下采取适当措施尽快使质壁分离复原，等等。

嘴巴和鼻子

　　绿色植物在进行光合作用的过程中，需要吸收二氧化碳并释放出氧气，这些气体通过一种被称为"气孔"的结构进出植物，气孔就是植物用来呼吸的嘴巴和鼻子。气孔是一种由表皮细胞分化而成的结构，其大小一般在20—30微米，用肉眼是无法直接观察到的。但在生活中，一些简单的家庭小实验就能够帮助我们发现气孔的真实存在。例如，瓶中装水，将新鲜的芹菜叶浸入水里，再将瓶子在太阳光下放置几小时，就能观察到芹菜叶片的表面有很多小气泡。这是因为芹菜叶片在阳光照射下进行光合作用产生了氧气，氧气通过气孔排出后聚集在叶片的表面，形成了气泡。

　　两个成对出现的特殊细胞（称为"保卫细胞"）围绕成一个小孔就形成了气孔，其形态酷似嘴巴。它们散布在植物叶片

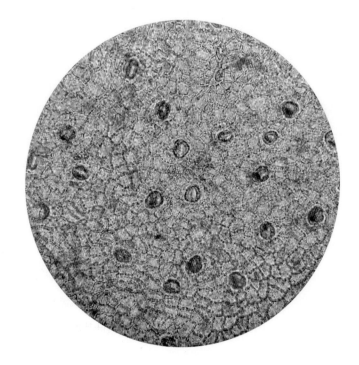

植物叶片下表皮上的气孔

表皮上，彼此之间保持着一定的距离。此外，不同环境中的植物，其气孔的形态与分布特点也不同。例如，水稻、玉米等单子叶植物的保卫细胞大多呈哑铃形，而大豆、花生等双子叶植物的保卫细胞则呈肾形。大多数植物的气孔主要分布在下表皮中，其数量要远多于上表皮，以防止外界环境对气孔造成损伤。而在水生植物中，气孔几乎都分布在叶片的上表皮中。沉水植物的表皮中则没有气孔。而为了躲避阳光的直射，旱生植物的气孔下陷于表皮细胞的内部。由此可见，小小的气孔也在植物适应环境的过程中贡献着自己的一份力量。

气孔是植物进行气体交换的通道，就好比动物的鼻子。光合作用中吸入的二氧化碳和呼出的氧气都要经过气孔。此外，植物"蒸腾作用"（植物体内水分主动散失到大气中的过程）中的水分也是通过气孔排出的。为了能够更好、更快地适应环境，气孔的两个保卫细胞会根据外界环境的变化不断地进行"开合运动"。保卫细胞本身的特殊结构也使其能够自如地开放和关闭。成熟的保卫细胞容易受细胞内部膨胀压力的影响而发生形变。通过观察，科学家们发现气孔的运动是有规律的，大多数植物的气孔白天张开，晚上闭合，中午还会出现短暂的"午休"现象。植物的这种有趣的气孔开合运动是如何被调控的呢？

研究发现，光是调控气孔白天张开、晚上闭合的主要因素。通过观察在不同波长的光下以及不同光照强度下气孔开合运动的变化，科学家们发现蓝光和红光能够诱导气孔张开，气孔张开的程度则与光照强度相关。然而，蓝光和红光诱导气孔张开的机制却不一样。在蓝光下，保卫细胞细胞膜上的一种蛋白质复合物被激活，使得细胞内的质子H^+向细胞外进行主动运输，从而导致保卫细胞细胞膜内部带上了负电荷，激活了细胞膜上负责运输钾离子K^+的蛋白复合物，引起细胞外部的K^+向保卫细胞内部流动。K^+的内流使得保卫细胞内的水势（推动水在生物体内移动的能量。溶液浓度越高，则水势越低；溶液浓度越低，则水势越高。在生物体内，水分子由水势高的地方通过生物膜向水势低的地方自由扩散）下降，从而导致了保卫细胞外部的水势高而内部的水势低，引起了水向细胞内流，进而增加了保卫细胞内部水分对细胞壁的压力，使气孔张开。红光则通过促进叶肉细胞（绿色植物叶片中含有大量叶绿体的细胞，是光合作用的主要场所）的光合作用，减少保卫细胞内二氧化碳的浓度，使气孔张开。在夏季和秋季的中午时分，太阳直射令叶片温度显著升高，同时，随着气孔介导蒸腾作用的加剧，叶片内部的水分大量丧失，最终导致气孔出现了一段时间的"午休"现象——暂时关闭。这是植物的一种自我保护机制，植物因此在炎炎烈日下依然能够有充足的水分介导体内的生命活动。

作为外界与植物体进行气体交换的通道，气孔时刻感知着四面八方传来的信号，进行相应的开放或关闭。除了光照等外部因素，植物体内部的激素也能调节气孔的开和关，例如一种被称为"脱落酸"（因其能促进叶子脱落而得名）的植物抗逆激素。当土壤里的水分不断减少时，植物的根部就会感受到来自土壤的干旱胁迫进而脱水。这一情况引起了植物体内脱落酸的大量合成。随着水分的运输，越来越多的脱落酸被运输到了叶表皮细胞中，使得保卫细胞周围的脱落酸浓度不断地升高。高浓度的脱落酸通过特定的途径改变了保卫细胞中无机盐离子的浓度，导致保卫细胞中的水分不断流向邻近的表皮细胞，最后引起气孔闭合。这种远程的调控机制保证了气孔能够在土壤缺水时适时关闭，减少植物地上部分水分的损失。在植物应对不良环境的过程中，气孔起了至关重要的作用。

近年来，在高温干旱的沙漠条件下生长的旱生多肉植物，凭借着自己可爱的肉质化叶片博得了大家的喜爱。这些多肉植物拥有一套独特的气孔开合方式。与其他植物不同，为了减少温度升高引起的不必要的水分蒸发，从而保证体内含有充足的水分，聪明的多肉植物选择在气温较高的白天关闭气孔，而在气温较低的夜晚开放气孔来吸收二氧化碳，使其在第二天白天气孔闭合状态下也能进行光合作用。光调控气孔开闭的模型不适用于解释多肉植物的气孔开闭方式。那么，是什么因素控制了多肉植物的气孔开闭呢？目前这方面的研究还处于探索阶段。有研究者认为，这种气孔开闭模式可能是由多肉植物自身特殊的生物节律决定的；另外，钾离子流动所导致的气孔闭合也可能参与其中。

研究者们对不同环境中植物气孔的形态和分布的观察，有利于人们理解植物在长期进化过程中对环境的适应以及环境对植物生长的影响。对气孔开合运动调控机制的研究能够帮助人们科学栽培农作物，也能帮助人们更好地培养自己喜欢的家庭观赏植物。

毛竹励志

毛竹（*Phyllostachys edulis*），常被称为"孟宗竹"，是常见竹材之一，原生于中国，现属于广泛栽培种。关于毛竹，有一个励志故事，说的是毛竹生长需要五年的时间，但在前四年，它仅仅生长3厘米，而从第五年开始则以每天30厘米的速度疯狂地生长，直至最终的高度。撇开故事厚积薄发的立意不谈，我们可以本着科学严谨的态度提出这样一个问题：故事对毛竹生长的描述到底是否准确呢？

首先，我们得了解一下毛竹的生活史（生物体在一生中所经历的生长、发育和繁殖的整个过程）。一般来说，种子植物以种子作为生活史的起点，但竹子却有个特殊之处，其生长大多属于营养繁殖，极少开花结果，再加上竹子开花往往伴随地上部分的枯萎死亡，所以竹子的种子较为少见。不过，有些品种（例如毛竹）的种子还是比较容易得到的。竹子的种子又称为"竹米"，形态上类似稻米。由竹米萌发产生的竹苗是实生苗（由种子产生的幼苗，区别于嫁接或压条等营养繁殖方式产生的幼苗），形态与生长过程类似于水稻等植物。毛竹的实生苗可以长到几英尺（1英尺约合0.3米）高，并伴随着丛生分蘖，生长到一定阶段后会开始产生竹鞭，竹鞭本质上是种地下茎，上面会产生新的芽，也就是我们所熟知的竹笋了。竹笋会在适宜的季节生长，最终形成竹子。毛竹的竹笋大多会在4月—5月开始生长，生长速度惊人，最快时甚至可达到近1米每天，生长期会持续40—60天，最终达到十几到几十米高，其后可接着存活几年，但高度不会再增加。综上所述，毛竹的故事显然犯了一些知识性的错误，究其原因，可能是人们混淆了生长迅速的竹笋和相比之下生长缓慢的实生苗，又在这基础上添加了一些夸张成分。不过，毛竹确实是有记录的生长最快的植物之一。那么毛竹的竹笋是如何实现如此不可思议的迅速生长的呢？

竹笋有它的"小窍门"。如果我们考察一下竹笋的内部结构，就会发现竹笋是由很多极短的节组成，每个节内都有分生组织（在植物体的某些特定部位保持分裂和分化能力的细胞群），通过分裂产生新细胞，新细胞进一步扩大体积导致竹节的延伸。须要注意的是，竹秆的生长是所有的竹节生长合在一起的结果。换言之，竹秆的生长速率其实是每个竹节生长速率的叠加，这也就不难理解竹笋那惊人的快速生长了。所以说竹笋的生长本质上与其他植物相同，都是细胞分裂导致细胞数目变多，细胞生长导致体积变大，最终实现了植物整体的生长。

细胞分裂无论对于植物还是对于动物的生长发育，都是至关重要的，而细胞分裂的过程以及背后的机制也是类似的。毛

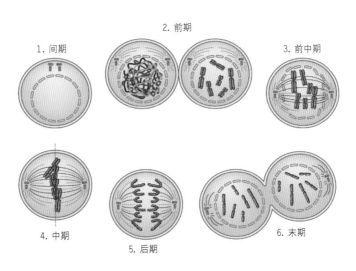

细胞有丝分裂过程示意图

竹分生组织的细胞分裂是生物体产生体细胞最典型的细胞分裂方式，称为"有丝分裂"，即由一个母细胞分裂产生两个遗传上一模一样的子细胞。根据细胞的分裂活动，可以将有丝分裂分为两个时期：分裂间期和分裂期。分裂间期又可根据细胞内发生的主要事件及DNA含量等分为三个时期：G1期、S期和G2期。而分裂期则主要依据细胞中染色体的形态和位置分为四个时期：前期、中期、后期和末期。细胞对有丝分裂有着精细的调控，因为一旦失控，细胞就会不断分裂，形成肿瘤，或是在细胞遗传物质不完整的情况下开始分裂，造成大量的变异，而影响生存。

由于这些严重后果，细胞为有丝分裂上了一套"保险"，即细胞周期检查点机制。在有丝分裂周期中，设置了至少三个检查点，其中G1期检查点与细胞命运有关，检查细胞是否有资格开启细胞分裂，未能通过检查的细胞或进入不分裂的静止期或分化为不再分裂的细胞类型；G2期检查点通过检查细胞内DNA复制是否完成来决定细胞能否进入分裂期；M期检查点检查染色体的状态，决定细胞能否进入分裂后期。这些检查点上都有对应的"检查员"，即各种蛋白质，它们会在细胞中周期性地表达，在需要"上岗"的时间点富集，决定放行或是暂停细胞分裂过程。

　　这种检查点机制在真核生物（其细胞具有细胞核的生物）中是相对保守的，用来实现细胞分裂时间上的调控。除了时间层面的调控，细胞分裂还存在空间上的调控，植物细胞的这个调控过程涉及细胞壁的形成。这方面的研究起源于一系列有趣的发现和总结。早在1863年，霍夫迈斯特（Hofmeister）便注意到了新的细胞壁总是垂直于母细胞长轴的现象，也就是说可以根据植物细胞形状来预测细胞分裂的方向。而1888年艾瑞拉（Errera）进一步提出：大部分植物细胞分裂，产生相同大小的子细胞时，细胞沿着使新细胞壁面积最小化的平面分裂。这被称为"艾瑞拉规则"。这个规则后来也得到了实验的支持。例如，如果分离出植物的单个细胞，让其在半固体培养基中生长为球形，这时细胞分裂方向是任意的；而给细胞一定压力使其变为椭球形后，细胞分裂方向则会倾向于垂直于椭球形的长轴。既然"艾瑞拉规则"是基本正确的，那么植物细胞是怎么根据这个规则来决定分裂方向的呢？

　　很多研究小组的结果都把线索指向了"细胞骨架"。细胞骨架是细胞内部的一类蛋白，它往往组装成丝状或管状结构，来实现机械支撑，维持细胞形状，或者通过动态的组装、再组装来组织规划细胞器或其他结构的位置。尽管没有太直接的实验证据，但"艾瑞拉规则"很可能就是细胞骨架对张力响应的一个结果，导致细胞核在分裂开始前被牵引至细胞中心位置，也就是新细胞壁将要形成的位置，从而确定细胞分裂的方向。

　　正是这些时间、空间上的精细调控，使得植物细胞能够在正确的时候，朝着正确的方向分裂，产生增高或者增粗等不同效果。这种井然有序的生长不仅造就了毛竹这种生长快速的明星植物，也塑造了植物多种多样的形态。

返老还童

　　喜欢漫威动漫的人都会知道两个能力极为特殊的人物，一个是金刚狼（Wolverine），另一个是死侍（Deadpool）。金刚狼天生拥有超强的自愈能力，这种能力使得他的细胞在受损害或老化后可以迅速生成新的细胞来补充（正常人也会，只不过能力没那么强，且会随着年龄增长而减弱）。而死侍的自愈能力更强，即使被撕成碎片，依然可以复原。但这里有两个疑问，一是为什么金刚狼永远保持成年人的样子，而不是更年轻一些，甚至是婴儿？二是如果死侍被撕成碎片，究竟哪个碎片可以恢复成死侍呢？如果所有碎片都恢复，那岂不是会复活出许多死侍？当然，这些科幻剧中的异种人类在现实生活中是不存在的。然而，在现实生活中，植物确实具有类似的超强修复能力，这种能力甚至可以使已成熟的植物获得重生而实现"返老还童"。那么植物是怎么做到的呢？

我们先来了解一个概念——细胞全能性，它是指细胞在分裂分化后，在一定条件下仍然可以形成完整有机体的潜能。这种特性之所以存在，是因为不止生殖细胞，机体的所有体细胞都具有一套完整、一致的遗传物质。相对于动物细胞而言，植物细胞更容易在离体条件下表现出这种全能性。我们所熟知的组织培养，就是利用离体的植物组织（如一小块叶片）培养出完整个体的范例。大多数植物即使取一个细胞，也可以形成完整的个体。另外，例如扦插、嫁接等园艺学方法，也是基于植物细胞的全能性。

最早人们尝试组织培养是基于对自然界中植物的无性繁殖的观察，后来这种技术被广泛应用到了繁殖难以产生种子的珍稀植物以及植物脱毒（感染病毒的植株的茎尖通常是没有病毒的，可用于繁殖无病毒感染的后代）中。这个看似高明的技术的背后是植物强大的损伤修复机制，损伤修复的激活强烈依赖于植物激素分布的扰乱。植物遭受部分割断的损伤之后，原先在割断处流通的植物激素（如生长素）就无法正常通过，原本由上向下运输的生长素无法通过，导致损伤处上端的生长素积累而下端降低，上下端不同的基因因而在不同的生长素浓度下被激活或抑制。在这种刺激下，断裂处就会不断产生修复

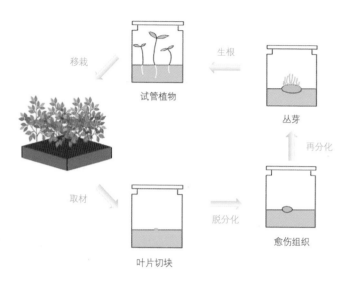

植物组织培养过程示意图，万苗苗

组织，这些组织分化成被阻断的激素以及养分的"通道"，从
而使断裂处重新连接。这类修复组织的学名是"愈伤组织"
（callus），没错，就是组织培养中的那个愈伤组织。这是一类
尚未进行完全分化的组织，是损伤处细胞脱分化（已分化的细
胞失去原有分化状态的过程）以及不完全再分化的产物。在合
适的条件下，愈伤组织可以分化成特定类型的组织。在组织培
养中，由于离体植物细胞所能供给的激素信号十分有限，往往

需要外源添加激素或养分来完成愈伤组织的形成。随后通过调整大家熟知的两种植物激素——生长素和细胞分裂素的比例，来调控愈伤组织的进一步分化，形成根、茎，最后形成完整植株。嫁接的机制在本质上和局部断裂的损伤修复很类似。嫁接后，断裂面上下端的激素产生不均匀分布，其中的细胞随后脱分化形成愈伤组织。愈伤组织之间进行细胞交流，同时进行各种激素的信号传递，通过这些过程，将断裂的、负责运输各种物质的管道组织重新连接起来。比较有经济价值的应该是果树的嫁接，它可以使植株同时获得嫁接双方的部分优良性状。

不过嫁接也并不总是成功的。一方面是因为砧木（嫁接时承受接穗的植株）和接穗（用来嫁接到砧木上的芽或枝条）在遗传上不亲和，导致它们在生理上互相不适应。另一方面，并不是接口处所有的细胞都能产生愈伤组织，再说得详细一些就是，并不是所有的植物细胞都可以脱分化产生具有再分化能力的细胞。在植物组织体外培养时，这一点表现得尤为明显。事实上，愈伤组织的产生需要对一些贯穿整个植物体、已经部分分化的特定群体的细胞进行激活，这部分细胞被称为"成年干细胞"（adult stem cell）。如果在分离植物组织时，"技巧高超"地避开了这些细胞，那么很可能就无法正常产生愈伤组织。所以我们也可以猜想，也许死侍全身只有一处储存着这种成年干细胞，因此被撕成碎片之后，只有一块可以变回人形？另外还有一点，无论是我们这里提到的成年干细胞，还是对其进行激活产生的愈伤组织，都已经是部分再分化的产物，而非脱分化后形成的最原始的干细胞类型。这就解释了金刚狼为什么一直处于壮年的状态。能再生的细胞也未必就一定是最原始的干细胞，即使已经部分分化，也依然可以在损伤刺激下通过脱分化和再分化来完成修复。当然，漫威动漫科学性一向较低，我们一定用科学来解释未免就有些不科学了。然而即使真的"技巧高超"地提取了非成年干细胞，依然有办法让它们完成再生。方法是去除细胞壁，制备原生质体，这种原生质体甚至无需像组织培养一样额外施加激素，就可以形成愈伤组织，这被称作"细胞的重编程"。该过程的具体调控机制目前并没有被研究清楚，但一些证据显示，去除细胞壁之后，细胞内水分压力的改变以及细胞所处环境的刺激会对细胞产生强烈的冲击，从而激活某些因子来启动细胞的分裂和分化。

换个角度看愈伤组织，它其实代表了断裂处细胞"命运"的改变。例如一个叶肉细胞，它原本可以"安心"晒太阳，可一旦发生断裂，它作为边缘细胞，就须要重新开启分裂的过程。

　　最后简单说一下植物学对于损伤修复比较经典的一个研究，即利用对根系的破坏观察植物组织的再生。根系对于植物的意义不言而喻，我们如果在家水培一些植物，通常可以看到根系，如果将根尖剪断，可以发现不久又会重新长出根来。有研究者引入仅在根中表达的荧光蛋白，追踪重新生成根时不同类型细胞产生的先后顺序。也有研究者利用激光破坏根尖中的单个细胞，以此观察根是如何对损伤进行修复的。这些研究都颇有趣味，也都揭示了植物组织再生及修复的道理。

　　看了这么多例子，大家一定觉得植物很厉害，如果人也有这样的修复力，那岂不人人都拥有"不死之身"？然而植物也有植物的无奈。动物是可以移动的，可以趋利避害，而多数植物都是固着的，无法通过移动来躲避伤害，因此必须进化出这种强有力的损伤修复能力。同时，这种能力也为许多植物的无性繁殖提供了可能。如果植物可以选择，也许有一些植物会选择像动物一样，到大千世界看一看，放弃自己"返老还童"的能力，与另一株植物"相伴终老"吧。

第二章

强健体魄

　　根据其主要的生理功能，可将植物器官分为两大类：一类是营养器官，包括根、茎、叶等，其基本功能是维持植物的生命；另一类是繁殖器官，包括花、果实、种子等，主要用于产生、保护和传播新的植物体。在营养器官中，根一般位于地表以下，主要起支撑植物体、吸收土壤中水分和矿物质的作用；茎是植物体的中轴部分，主要起支持枝叶以及运输和分配水分、矿物质、有机物的作用。此外，有些根和茎还兼具贮存营养和繁殖植物体的功能，某些茎还能进行光合作用。叶可通过表面的气孔从外界获取二氧化碳并向外界释放氧气和水蒸气，其主要功能是进行光合作用合成有机物。这些营养器官共同守护着植物的"强健体魄"。

根深蒂固

　　人和动物天生就有灵活的四肢，用来获取食物，躲避天敌，逃离自然灾害。但植物不同于动物，没有能自由移动的四肢，在面对风吹日晒和多变的自然环境时，多亏根系发挥了至关重要的作用。植物的根系能牢固地固定植株地上部分，同时还能为植物的生长提供水和养分。战国韩非子曾云，"柢固则生长，根深则视久。"植物的根部越健壮，植物的生长就越旺盛，粗壮的树干需要强大的根系来支撑。

　　根系是通过根尖吸收水分和养分的，从根部尖端到开始生长根毛的部位都属于根尖。根尖的顶端为根冠，根冠外层细胞能够分泌黏液，可润滑根冠表面，使根部向下生长时能有效地减少土壤对根尖造成的摩擦损伤。根尖分泌的黏液含有一些糖和氨基酸，有助于土壤中微生物的繁殖，微生物在根尖部位活

树木根系示意图

跃的代谢能帮助释放土壤中的营养物质，这种互利共生的模式利于根尖更好地吸收土壤中的无机物。根冠上部为分生区，分生区具有分裂能力，就像一个大的细胞生产车间，能源源不断分裂出新细胞，新合成的细胞随后运向伸长区。细胞进入伸长区后便停止分裂，开始行使分化功能，细胞体积增大，纵向伸长，变为原来细胞的几十倍，细胞的这种成倍伸长推动根部向下生长。根在向下生长时，其顶端的根冠细胞因与土壤摩擦而受损凋亡，根分生区会及时分裂出新的细胞补充到根冠中。根伸长区的细胞在一定时期后便停止伸长，进而分化形成成熟区，并在根表皮形成根毛。成熟区继续生长到一定程度后，根毛将会老化并枯死，最终会导致该区域根系吸收能力的丧失。

　　猫喝水时通过舌头的运动在水面形成一道细小的水柱，利用惯性将水运送到嘴里。如果将植物的根尖看作是动物的嘴，植物又是如何"喝水"的呢？

　　根通过两种不同的方式吸水，一种是动力来自叶的被动吸水，另一种是动力来自根本身的主动吸水。19世纪末，爱尔兰人狄克逊（Dixon）提出了"蒸腾－内聚力－张力"学说来解释植物的被动吸水方式。当植物处于高温低湿环境时，其蒸腾作用加强，叶片上的气孔排出大量水分，使得附近的叶肉细胞大量失水。叶肉细胞随后又从邻近的叶脉导管吸收水分，从而产生了"蒸腾牵引力"，使植物最终通过从茎部到根部的压力差吸收土壤中的水分。这种被动吸水方式对水分的提升力非常大，是植物最主要的吸水方式。

在清晨、夜间及温暖潮湿的季节，我们常常能观察到植物叶片尖端及边缘有水滴外溢的"吐水"现象。将旺盛生长时期的植株拦腰折断，在断面上也能观察到有汁液外溢，这被称为"伤流"现象。植物吐水和伤流现象都是由根压造成的，是植物自身主动吸水的结果。那么植物的根压是如何产生的呢？根导管中的水溶液含有很多无机盐和有机物，具有较低的水势（推动水分流动的能量），而根周围土壤中的水溶液含无机盐和有机物较少，具有较高的水势。这样，导管中的水溶液和土壤中的水溶液之间的水势差使水向根中导管源源不断地渗透，从而产生所谓的"根压"。根压为导管中的水和离子向植物地上部分运输提供了动力。

植物的根在种子萌发时期就开始形成了，种子中的胚为了吸收土壤中的营养和水分，胚根会发育成早期的根并顶破种皮，向下继续生长，形成植物的主根。主根继续发育，会分化出不同的根系结构。有一类根系叫作"直根系"，这种根系的主根和侧根形态分明，主根周围会形成许多分枝的侧根，侧根上又继续发育出更多的侧根，就像一棵倒置的圣诞树。我们通常在棉花、蒲公英、大豆等植物中能观察到直根系。另一类根系叫作"须根系"，在小麦、水稻等植物中较为常见。这些植物的主根在短时间内便停止生长或死亡，而在茎基部会长出许多根，称为"不定根"，这些不定根和主根长度相当，粗细相近，好似长长的胡须，故称为"须根"。

直根系植物的主根较发达，一般能垂直深入地下3—5米，因此直根系的植物也大多为深根系，在干旱的土壤中更具有生长优势。须根系植物的侧根和不定根较发达，一般沿着土壤表层水平延伸，是典型的浅根系分布。须根系植物能锚定上层土壤，起到防止水土流失的作用。自然界中大部分草本植物都是须根系，因此在水土流失严重的地域，大面积种植草皮能有效地固土护坡。与须根系不同，直根系能牢固地锚定植物的地上部分，因此能帮助植物抵抗暴风的侵袭，并有利于生长在沙丘和海滩等移动的土壤表面的植物稳固根基。当然，并不是所有的直根系植物都是扎根深处，环境、气候都会对根系的深度产生影响。以柳树为例，在雨水充足的环境种植柳树，其根系入土较浅，侧根向四周生长；而将柳树种植在干燥的地方，其根系入土较深，侧根会向深土层生长。须根系多覆盖于泥土表面，能更快地吸收土壤表面的水分。在美国南部和墨西哥生长的树形仙人掌同时具有直根系和须根系，能从短暂的阵雨中快速吸收水分。

科学家通过考察全球植物根系深度发现，沙漠中植物的最大平均根深为7—12米，热带草原可达10—20米，硬叶灌木林为4.4—6米，常绿林为4.5—10米，温带针叶林为3.5—4.3米，冻土地带植物的根深仅为0.4—0.6米。如果从物种分类来看，树木的根深远远超过灌木和草本植物。很多根部异常深的植物都生存在沙漠或干旱草原，因为在干旱环境或长期的枯水季节，永久性地下水往往深达十几米甚至几十米，植物必须长出更深的根系才能获取地下水。在沙漠、戈壁滩中有一种耐旱植物骆驼刺（*Alhagi sparsifolia*），它的地上部分不足1米，但是为了充分获取水分，其根能扎到20多米深的沙地中。1963年，科学家菲利普斯（Phillips）在美国的索诺兰沙漠发现了一株根深达53米的多刺灌木牧豆树（*Prosopis juliflora*）。

不仅水源影响根的生长，泥土类型、树龄、环境胁迫和种植密度都能影响根的深度和分布。泥土含氧量的减少及基岩层、石质土等密度较高的土层会制约植物根部的延伸。土壤过于肥沃容易产生更多更强健的侧根，却会影响植物根部的伸长。在保湿能力强的黏土中生长的往往是浅根系植物，而在疏松、阻力小、排水良好的土层（例如沙土）中生长的多是深根系植物。因此植物只有在其所处的环境中进化出最适宜其生存的根系结构，才能欣欣向荣。

古人云"求木之长者，必固其根本"，只有根深蒂固，才会枝繁叶茂。

独木成林

一簇簇树叶伸到水面上。树叶真绿得可爱。那是许多株茂盛的榕树，看不出主干在什么地方。

当我说许多株榕树的时候，朋友们马上纠正我的错误。一个朋友说那里只有一株榕树，另一个朋友说是两株。我见过不少榕树，这样大的还是第一次看见。

——巴金《鸟的天堂》

榕树（*Ficus microcarpa*），是一种大型乔木，普遍可达15—25米（相当于6—8层楼）高。其中生长尤为繁茂者，茎叶相倚，干枝互托。站在树下，巨大的气根如銮殿之柱，擎天而立地；繁茂的叶片恰似雍容华盖，晴日朗月皆不可穿。只消一棵榕树，便能形成一番遮天蔽日的景象，故有"独木成林"之叹。

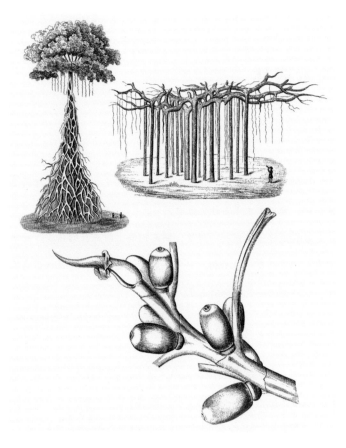

印度榕（*Ficus elastica*），1856年，手绘图谱

除了硕大的冠层，榕树最吸引人的便是从它树枝上向下生长的垂挂"气生根"。

在了解什么是气生根之前，让我们先回顾一下根的一般定义：植物的根通常是指生长在土壤表面以下的营养器官，其功能主要是吸收土壤中的水分和养分，并且具有支持、繁殖、合成和贮存有机物的作用。根是植物的六大器官之一。

气生根，顾名思义，是指生长在土表以上即空气中的根。很多植物都有气生根，如附生植物兰花、生长在热带沼泽的红树、藤本植物常春藤，当然还有我们的榕树。然而，不同植物的气生根也不尽相同，以便适应各自特异的生态环境。

按其形态和功能，我们可以简单地对气生根做以下分类：

绞杀根。榕树有典型的绞杀气生根，它首先作为附生植物依附（寄生）于其他树木（被称为"寄主"）的冠层，之后榕树的根向下生长并围绕在寄主植物的茎干周围，一旦接触到地面，这些根的生长便会加速。随着时间的流逝，这些根慢慢膨大并形成网状，并将寄主植物缠绕"绞杀"致死。生长在澳大利亚热带和亚热带地区的大叶榕就拥有强有力向下生长的气生根。在新西兰的亚热带和温度适宜的雨林中，铁心木从寄主植物茎干的多个方位向下涌出蓬勃的气生根。这些似钟乳石一般不断向下生长的根能同时延伸出用来缠绕寄主植物茎干的平行根。在某些情况下，这些"绞杀者"会慢慢消耗寄主植物的生命，最终留下的是一具被网状根绞杀的寄主植物空壳。

呼吸根。这一类特异的气生根使植物能在大气中呼吸，常见于长期被水浸渍的栖息地。呼吸根可以从茎上长出，也可以从普通的根上长出并向上钻出土层。有些植物学家把这些从地下冒出的根归为"暴露在空气中的根"，而不是气生根。这类根的表面被皮孔覆盖，以允许空气进入海绵组织（细胞排列疏松，胞间隙大，呈海绵状的组织），从而使氧气以渗透的方式运送到植物的各个部位。呼吸根是黑红树和灰红树区别于其他红树类群的主要特征。这种根的结构非常疏松，从而提高了其对空气的吸收和通过效率。有趣的是，由于其密度超低，东南亚国家的一些渔民直接将这种呼吸根切块制成渔网上的浮标。有一点颇令人疑惑，这些植物的地上部分既然可以高效呼吸，为什么仍然会产生呼吸根？原来这些植物生存的土壤环境含有很高的盐分，叶片进行的气体交换并不能影响到根（二者之间的距离着实很远），根须要"自力更生"，自行从土壤中吸收氧气。而由于土壤中盐分浓度太高，植物根和土壤进行气体交换变得困难，因此需要气生根直接从空气中吸收氧气。

吸器根。这类根多见于寄生植物，在入侵寄主植物之前，它们的根变出有黏性的圆形小吸盘，紧紧地吸附于寄主之上。槲寄生（一种寄生植物）的根就是一个很好的例子。

繁殖根。这是一种不定根，常见于有匍匐茎的植物，茎节和分枝处生根，如草莓、红薯等。有些植物的叶会产生不定芽，之后生长出不定根，如落地生根（一种多年生草本植物）。在茎切段中，不定根形成于切口表面的愈伤组织，而在一些植株的叶片切块中，不定根亦可形成于表皮细胞。

那么，榕树那独树一帜的气生根究竟是怎么形成的呢？榕树生活的南国多雨而酷热，为了很好地契合这种高温高湿环境，榕树从主要茎干和侧枝上，萌生出许多须状的不定根，它们部分垂直向下扎入地表，部分则保持悬空。扎入地表的不定根形成木质支柱，看上去就像树干一样，支撑着整棵植株，同时从空气和土壤中吸取养分。

气生根不但为榕树的生存做出贡献，同时也为它的美丽添砖加瓦。在岭南派的盆景当中，榕树以其独特而优美的树形博得了无数人的喜爱。然而，在温度较低、空气较为干燥的北方，榕树却由于"水土不服"，失去了往日的荣光，不再产生气生根。园艺学家们只能通过种种实验，采用多种人工诱导盆栽榕树产生气生根的方法，帮助榕树恢复往日的袅娜身姿。

南国有佳木，榕华荫桃李。榕树的寿命可达数千年，那一团锦簇的绿，也就这么绿了千年。

"光棍"日子

　　白日似火，入夜转凉，旱季滴雨不落，雨季草木润泽。变化多端的气候造就了绮丽多姿的非洲草原，也令非洲大陆保留了许多奇奇怪怪的植物，光棍树（*Euphorbia tirucalli*）就是其中备受关注的一种。

　　光棍树形如其名，大都光秃秃的，幼茎犹如碧玉棍盘绕在老枝上，故又有人叫它"绿玉树""神仙棒"；又似一支支铅笔粘在枝头上，因而它的英文名字叫"pencil tree"（铅笔树）。光棍树起源于非洲，因其能够在沙漠化、盐碱化严重的土壤中存活，并且能够分泌一种有腐蚀性、能提高防御性的乳胶，非洲人经常将光棍树的枝条插在房前屋后，让其生长成"活栅栏"。后来，光棍树从非洲传到了其他大洲的热带、亚热带地区，并在那里生根发芽，产生了不同的品种。

光棍树（*Euphorbia tirucalli*），1697年，手绘图谱

光棍树可以从毫不起眼的"小多肉"长成十几米的高大树木，成年光棍树拥有棕褐色的木质主干和刷子状的嫩茎。这样的无叶植物在大沙漠里毫无违和感，反而将苍茫的枯黄背景映衬得生机勃勃。为什么光棍树没有叶子呢？因为植物的叶片一般呈扁平状，具有很大的表面积，叶片表面分布着大量的气孔，气孔通过蒸腾作用使植物体内水分丧失。为了保持水分，生长在干旱气候区的植物叶子大都特化成了特殊的形态，例如仙人掌的刺、梭梭的鳞片叶、怪柳的鞘状叶等。而光棍树则更彻底，直接抛弃了叶子，只保留了密集的绿茎。

其实，光棍树并非总是没有叶子。在雨水充足的季节，一根根鲜嫩的"碧玉棍"就会争先恐后地顶着几片小叶子从老枝上冒出；过了雨季，小叶子干枯脱落，光棍树又变成了我们通常看到的模样。如果把光棍树种植在常年雨水充足的地方，它的小叶子就会保留在枝头上不掉落。不过，光棍树的叶子对于植株生长的贡献很小。据统计，即使在叶子存在的时候，光棍树叶子的活性也只占植株表面生理活性的2%—3%。光棍树的"光棍"们，才是光合作用的主力军！

这些"光棍"常年碧绿，含有大量进行光合作用的叶绿体，表面的凹槽里，藏着很多用于气体和水分交换的气孔。在气温较低的夜晚,"光棍"上的气孔打开,允许二氧化碳进入植物体内,并将二氧化碳合成苹果酸(一种含有四个碳原子的有机物,是苹果汁液中酸味的来源),暂时储存在液泡里;等到太阳冉冉升起,温度升高,光棍树就将气孔关闭,前一夜积累的苹果酸重新回到细胞质中,经过一定的化学反应释放二氧化碳,叶绿体利用光能将这些二氧化碳和水合成糖,为光棍树的生长提供养料。这种由气孔控制二氧化碳的吸收和利用且夜日分离的生物过程,是热带干旱地区部分植物特有的一种巧妙地利用二氧化碳的方法。气孔白天关闭夜晚开放的模式也大大减少了白天植物水分的散失。可以说,光棍树的"坚强"依赖于它独特的光合作用系统。令人惊奇的是,与光棍树的茎不同,其鲜为人知的叶子仍然保留着传统的光合作用模式,这种茎和叶不同光合作用模式的组合为光棍树增添了神奇的色彩,也增强了生长的潜力。在雨水充足的季节,光棍树可以夜以继日地吸收二氧化碳,仅白天消耗水分,这使得光棍树成为一种极为高产的经济作物。

光棍树的"光棍"是一个大宝库,它是光棍树在极端环境下生存的重要保障,同时也为人类提供了多种多样的资源。光棍树受到伤害时,伤口处会渗出白色的乳胶,这种乳胶含有种类丰富的次级代谢产物（生物经过复杂代谢过程形成的化学物质，并非是该生物生存和生殖的必要物质，例如毒素、色素等），因此获得了人们的广泛关注。

光棍树的乳胶中含有大量的碳氢化合物，可以用来提取橡胶与生物汽油。据估计，一公顷的光棍树可提取4—8桶汽油。虽然现在提取工艺还不成熟，但是强大的能源潜力已吸引很多学者对它进行研究。如果能将光棍树用作生物能源来替代石油、天然气等不可再生资源，能源紧缺的现状就能得到改善，当前的环境危机也能有所缓解。

在热带和亚热带地区，光棍树因含有多种化学物质而被广泛用作药材。在印度，光棍树被视为一种不可或缺的药用植物；在马来半岛，光棍树被用作缓解溃疡、肿胀等症状的良药。目前有研究显示，光棍树中的有效成分甚至还可以用于治疗癌症。

光棍树的乳胶具有毒性，可用来制成农药杀死害虫、消灭细菌；非洲土著猎人还将它涂在箭头和鱼钩上，用来毒杀猎物。

不过，因为光棍树中的乳胶具有强烈的毒性和腐蚀性，如果不小心碰到了眼睛，会造成强烈的疼痛以及长达数日的失明，甚至导致结膜炎；就连蜜蜂吸食光棍树花蜜而产生的蜂蜜都具有一定的刺激性。所以当你看到光棍树，最好只是静静地欣赏它，把它的故事讲给别人听。也希望有一天我们能将光棍树充分利用起来，让"光棍"的日子不再寂寞。

不同"变态"

大自然最爱翻新，最爱改变旧形，创造新形。

——奥维德《变形记》

土豆（马铃薯，*Solanum tuberosum*）和地瓜（番薯，*Ipomoea batatas*）是我们常见的食物，你是否思考过它们之间的区别，又是否清楚它们究竟属于植物的哪个器官？你是否曾认为，出淤泥的莲藕就是"香远益清，亭亭净植"的莲的根？当你被玫瑰或仙人掌的刺扎到手指，你又是否想过它们的刺属于植物的哪个部分？在我们传统的印象中，植物大都是根深埋于土壤，茎直挺于地上，叶片绿油油，果实沉甸甸。然而，当植物器官的样子变得"面目全非"时，你还能认出它们吗？下面，就带你了解一下植物器官中的那些"变态"。

生物体的生理功能在很大程度上取决于其独特的形态和结构。在一些特殊的环境下，植物为了生存，在长期的自然选择中发生了一系列适应性演化，导致其营养器官在形态、结构和生理功能上均发生了显著的改变，这些器官被称为"变态器官"。其中最常见的是变态根和变态茎，它们之中一些具有相似的形态，因而容易被人们混淆。

依据功能的不同，可将植物的变态根大致分为贮藏根、支持根、呼吸根、攀缘根和寄生根（也称"吸根"，是一种吸器）等类别。除了贮藏根外，其余几种变态根都生长在地面以上，暴露在空气中，可统称为"气生根"。

"贮藏根"顾名思义是用来储存营养物质的根，这种变态根在外观上一般表现为膨大多汁，根据其发生来源又可分为肉质直根和块根两类。肉质直根由主根膨大而形成，形状较为规则，薄壁组织（一类成熟组织，因其中细胞的初生细胞壁薄而得名）发达，典型代表植物有胡萝卜、萝卜、甜菜等。块根则是由植物主根上的不定根或侧根膨大而形成的。块根形状不规则，典型代表植物有番薯、木薯、何首乌等。块根的主要功能是贮藏养分，此外，还可以利用块根进行繁殖。

与贮藏根相比，其他种类变态根形态更加千奇百怪，功能也更加多种多样。"支持根"是一类从植物的茎节上生长出来并伸入土壤中的一类变态根，它的作用是增强根系对植株的支撑。如玉米、甘蔗在茎基部节上由不定根发育而来的支持根，起到了加固植株、防倒伏的作用。此外，榕树的"独木成林"奇特景观，就是由其侧枝上产生的许多须状不定根下垂到地面、插入土壤中形成的。"攀缘根"是在一些茎细长柔软、难以直立的藤本植物中常见的变态根，它们从茎上产生，固着和攀缘在山石、墙壁或其他植物上，具有攀缘根的植物有爬山虎、凌霄、常春藤等。"呼吸根"通常见于一些生长在热带海滩或湖沼地带的植物，这些地方土壤中氧气缺乏，因此根会露出地面，通过根上呼吸孔中发达的通气组织来获取更多的氧气，如落羽杉、海桑等。"寄生根"也是由不定根变态形成的，它能作为一种吸器，侵入其他植物内部，吸收宿主植物中的营养物质和水分，如旋花科的菟丝子，可以寄生在豆科、菊科等多种植物的表面，圣诞节用于装点的槲寄生，也具有寄生根。

依据生长习性，又可将植物的变态茎分为地下变态茎和地上变态茎。变态茎虽然形态各异，但都保持了茎所特有的一些形态特征：有节和节间，有叶（大多退化）和芽。

地下变态茎生长在地下，包括根状茎、球茎、块茎、鳞茎等，基本上都具有贮藏养分和繁殖的功能。"根状茎"外形似根却不是根，有明显的节和节间，节上还有退化的叶。莲藕就是莲的根状茎，节细而节间粗大，我们平常食用的部分就是它的节间。"块茎"是地下茎侧枝节间缩短、茎末端膨大形成的，储存有大量养分。块茎具有顶芽和腋芽，腋芽位于块茎表面呈螺旋状排列的芽眼中，萌发后可以长出新枝，因此块茎可以用于繁殖。马铃薯的块茎就是一个典型代表。"球茎"是地下主茎膨大成球状，也具有明显的节和节间，节上有腋芽和退化叶。荸荠、芋头的食用部分都是植物的球茎。球茎具有贮藏营养和繁殖的功能。"鳞茎"呈盘状，其上生有肉质或膜质的变态叶，肉质叶内部储存营养物质和水分，膜质叶起保护作用。洋葱、百合、蒜等大多具有鳞茎。蒜瓣是由鳞茎盘上的侧芽发育而成的，而洋葱膨大的部分是鳞叶。

地上变态茎生长在地上，包括叶状茎、肉质茎、茎刺和茎卷须等，其形态和功能分化比地下变态茎更加丰富多样。"肉质茎"呈绿色，肥大多汁，具有发达的薄壁组织，可以贮藏大量的水分和养料，同时还能进行光合作用。沙漠等干旱环境下生长的许多植物，例如仙人掌，一般都具有肉质茎。仙人掌肉质茎上的叶退化成刺状，表皮上气孔稀疏，有利于减少水分蒸

番薯（*Ipomoea batatas*），1843—1846年，手绘图谱

发。"叶状茎"外观呈扁平状（如昙花、假叶树）或细线叶状（如文竹），看起来像叶子，也确实可以像叶片一样进行光合作用，而真正的叶却退化成鳞片状。"茎刺"是从叶腋处由幼枝的变态产生的刺状结构，具有保护防御作用。柑橘、山楂、石榴等均具有茎刺。"茎卷须"多见于藤本植物（如葡萄、南瓜、黄瓜），起到攀附作用。

植物变态器官的外形如此千变万化，如何界定一个器官究竟属于根、茎还是叶呢？又如何识别它们呢？植物的器官是由其发育上的来源及其解剖学结构决定的。即使发生了外形上的变态，其所属器官的基本结构却不会丧失，就算是退化了的部分也会有迹可循。例如前面提到的莲藕，虽然在地下生长，而且形状也似根，但其外观上有明显的节和节间、芽和退化的叶，这些都是茎的基本结构，将其剖开观察发现其内部结构也符合茎的定义。

我们会发现，一些器官虽然发育上的来源不同，但其形态和功能却十分相似，如块根和块茎、茎卷须和叶卷须、茎刺和叶刺等，这种现象我们称为"同功器官"（analogous organ）。正所谓"天下同归而殊途"，面对相似的自然条件或环境压力，不同的植物器官也可以演化出相似的结构。植物的器官虽然没有办法改变自己的"出身"，但却可以通过改变自身的结构，来实现不同的功能，实现更加丰富的价值。

古罗马作家佩特罗尼乌斯（Petronius）曾说过："大自然的力量不在于一成不变地保持固定方式，而在于经常改变自己的法则。"面对千差万别的自然环境，植物须要采用不同的生存策略方能更好地适应环境。植物器官的变态，是长期自然选择的结果，亦是植物适应性演化的杰作。

飞檐走壁

  清代石玉昆的《三侠五义》中记载："若论展昭武艺，他有三绝：第一，剑法精奥；第二，袖箭百发百中；第三，他的纵跃法，真有飞檐走壁之能。"飞檐走壁，是指练武的人身体轻捷，能在房檐和墙壁上行走如飞，形容人行动敏捷迅速。除了练武之人能够飞檐走壁之外，自然界中还有很多植物也是能够飞檐走壁的，比如能够通过茎缠绕支撑物、呈螺旋状向上生长的牵牛花和金银花；能够借助卷须、叶柄等卷攀他物而使自身向上生长的葡萄和香豌豆；能够借助藤蔓上的钩刺依附于他物而向上生长的土茯苓和木香花；当然最有名的当数能够借助黏性吸盘或气生根而稳立于他物表面，支持自身向上生长的爬山虎（*Parthenocissus tricuspidata*）和常春藤（*Hedera nepalensis*）了。

五叶爬山虎（*Parthenocissus quinquefolia*），1892年，手绘图谱

在距今1.2亿年以前（也是恐龙最兴盛的时期），常春藤和爬山虎就演化出现了，它们均属于植物界被子植物门双子叶植物纲蔷薇亚纲。不同之处在于常春藤属于伞形目五加科常春藤属家族，而爬山虎则属于葡萄目葡萄科地锦属家族（依据范围的大小和等级的高低，生物自上而下依次按照"界""门""纲""目""科""属""种"进行分类）。

爬山虎和常春藤为什么要附着在岩石或其他植物上生长呢？它们是如何实现攀附的呢？它们之间有哪些共同点和不同之处呢？为了探究这些问题，我们得先了解爬山虎和常春藤的个体特征和生活习性。

爬山虎的藤茎特别长，可以达到20米，表皮上有皮孔，两叶之间的短枝上生长着不明显的黄绿色小花，所结的果实是黄绿色或紫黑色的小球形浆果，特别招鸟儿的喜爱。爬山虎的花期是6月，果期是9月—10月。

爬山虎的适应能力极强，对土壤要求不高，在阴湿环境或向阳处都能茁壮生长，在阴湿、肥沃的土壤中生长最佳。即使有强光，它也不会惧怕，面对寒冷、干旱和贫瘠等恶劣环境，它也不会退缩，总是努力向上生长。此外，爬山虎的气候适应性很强，在暖温带以南的冬季也可以保持半常绿或常绿状态；

它还对二氧化硫和氯化氢等有害气体有较强的抗性，对空气中的灰尘有很强的吸附能力，能起到净化空气的作用；爬山虎附着于墙面，具有减缓墙体表面风化、减少噪声、降低室内温度、增加室内湿度等作用；爬山虎的枝叶略带苦涩，可以活筋止血、消肿毒，用于治疗风湿关节痛、跌打损伤等。

常春藤的藤茎相对会短一些，一般可达3—5米，是含有多分枝的木质茎。叶片是革质，呈交互生长状态；花呈黄白色或绿白色，好看得很；果实是黄色或红色的圆球形浆果。常春藤的花期是5月—8月，果期是9月—11月，持续时间都比较长。

常春藤对环境的适应性也很强，喜欢比较冷凉的气候，能够忍耐比较寒冷的环境，在阳光普照的室外或光照不足的室内都能生长发育，但对高温闷热的环境却不太适应，温度高于30℃时，生长会停滞。常春藤的叶子也略带苦味，具有祛风利湿、活血消肿、平肝解毒的功效，对跌打损伤、腰腿痛、风湿性关节炎等都有明显的治疗效果，正所谓良药苦口利于病。

虽说常春藤和爬山虎都有攀缘岩石、墙壁或其他植物的能力，但它们这"飞檐走壁"的能力还是有很大不同的。

爬山虎这种多年生大型落叶木质藤本植物的生长速度是非常快的，一年内植株高度可达1.5—2米，茎总长可达18—

20米。不论是贫瘠土壤、岩石峭壁，还是阴湿墙壁，都能见到爬山虎的踪影，它不惧艰险，努力向上生长着。而爬山虎又是靠什么依附于墙壁、岩石或其他植物上的呢？这主要是由于爬山虎的茎卷须前端有吸盘，可以吸附在其他物体表面。在它的卷须从枝节发生后（长度不到1厘米时），卷须顶端部分的表皮细胞开始膨大，里面富含黏性物质（主要成分是黏多糖），当卷须伸长到接触壁面时，表皮细胞破裂，并通过释放的黏性物质黏着于壁面。或者表皮细胞形成钩状弯曲，以此附着于壁面微小突起或进入微小的穴中。随着黏性物质的释放量增多，吸盘与壁面的接触面越来越大，与壁面的连接越来越紧密。

而常春藤这种多年生常绿攀缘灌木的生长速度就相对缓慢一些，一年可长3—5米。常春藤的枝条细嫩柔弱，枝条表面有整齐的呈锈色鳞片状的柔毛。正是由于它的枝条柔软不能直立，茎上会长出令人瞠目结舌的气生根，这些生长在地面以上、暴露在空气中的不定根，一方面可以起到吸收和贮存气体的作用，另一方面也可以起到支撑植物体使其攀缘向上生长的作用。因此，常春藤茎上的气生根也被称为"攀缘根"。常春藤茎上的攀缘根顶端扁平，并能形成吸盘状，因而可以攀附于其他物体表面，犹如长臂猿的手臂，帮助细长柔弱的茎干向上生长。这个吸盘状的攀缘根是常春藤得以附着在树干、山石或墙壁表面的秘密武器。而常春藤为什么要附着在其他植物或物体表面呢？其实主要是因为它的枝条要不断生长，而生长过程中会遇到阻力，由于枝条柔软无法直接突破阻力，此时聪明的常春藤就会弯曲生长，以转变生长方向的方式来克服阻力而向上生长。一般情况下有阻力的地方光照也相对比较少，所以常春藤要想尽办法向上生长，去寻找更充足的阳光，这样它才能进行更充足的光合作用使自身茁壮成长。这也就是它会吸附在其他植物或物体表面攀缘上升的原因了。

拔毛成猴

在中国神话小说《西游记》中，观音菩萨赐予孙悟空三根毫毛，每当需要增加兵力降妖除魔时，他便"拔一根毫毛，吹出猴万个"。这个我们小时候认为无比神奇的故事其实并非无稽之谈，在真实的自然界，很多动植物的确具备这一本领。尤其是植物，"拔毛成猴"是它们繁殖新个体非常普遍的方法。

所谓"拔毛成猴"，是指植物体的一部分营养器官（植物的根、茎、叶等）与母体分离或不分离，在适宜条件下，直接发育为新的个体。植物的这种区别于需要授粉和精卵结合的有性繁殖的繁殖方式称为"营养繁殖"。不同的植物类群，营养繁殖的方式不尽相同。

"无心插柳柳成荫"，折取柳树的枝条插入土壤，便可长出新的柳树。实际上，像杨树、樱桃树、葡萄、月季等能产生不定根（植物的茎或叶上发生的根）的植物体都可通过这种方法繁殖。生产实践中，人们把植物的这一营养繁殖方式称为"扦插"，因扦插的部分为枝条，也称枝插。另外，一些植物也可进行叶插和根插，顾名思义，植物的叶片或根脱离母体后也能长成完整的幼苗。正如古人云："树叶类茱萸叶，生水旁，可扦而活。"此外还有"种薯蓣（俗称山药）：根种者，截长一尺以下种"的说法。压条和嫁接也是农、林、园艺、果树栽培等领域培育植物常用的人工营养繁殖方式。其中，压条是将枝条（不脱离母体）中部剥皮处理后直接埋入土中，待枝条生根后再与母株分离进行移栽，例如石榴就可通过压条的方式进行繁殖。对于较高大或枝条不易弯曲的植株，可以采用空中压条的方法来繁殖。而嫁接则是将一株植物体的部分器官移接至另一株植物体上，使其愈合为一个新个体，如桃树品种的改良就常常采用嫁接的方式来实现。

其实，在我们日常生活中，植物进行营养繁殖的现象并不罕见，比如我们食用的马铃薯就是营养繁殖的产品。那些块头大、营养丰富的马铃薯品种往往备受人们青睐。因此，科学家通过杂交培育出这样的优质品种后，非常希望种植这些品种得到的马铃薯仍然具备这些优良性状。然而，如果让优质品种的马铃薯进行有性繁殖，必然会发生雌雄配子（即卵细胞和精细胞）的结合，导致子代的遗传物质发生改变，很难保留亲本的优良性状。若利用优质马铃薯植株的部分营养器官进行繁殖，新长成的马铃薯具备与母体相同的遗传物质，母体的优良性状便能在子代中得以保留。其实，在马铃薯的生产中，常说的"切块催芽法"就是利用马铃薯的茎进行营养繁殖。马铃薯的食用部分实质上正是它的茎（变态为块茎），在马铃薯块茎上分布着一些可视的芽眼，这些芽眼其实就是茎上的节，在条件适宜时可长出芽来。生产时，首先选择无病虫害、芽眼深浅适中的完整薯块置于遮光条件下醒种催芽，当芽长至3—5毫米时，去掉遮光物，芽会逐渐变为粗短的紫色宝塔形。这时，使用消毒处理的刀片切取发芽块茎上留有1—2个芽眼的一块，种植下去，不久即可长成一株新的马铃薯幼苗。马铃薯营养繁殖生产效率高且能保留优良性状，因而在生产中被广泛使用。

可是，你是否想过，果树的枝条、马铃薯的块茎，以及植物的叶片和根，都只属于植物营养体的一部分，它们脱离母体后为何能再次生根或发芽进而发育为新的幼苗呢？难道植物的器官具有再生能力？任取植物体上的部分组织都能长成新个体吗？要解答这些问题，就须要了解植物营养繁殖的生物学

马铃薯（*Solanum tuberosum*），1918年，手绘图谱

机制。

一株植物体就像一个大工厂，这个工厂分为很多个车间，即植物的各个器官。在每个车间内都有很多工人，他们分工明确，带着不同的"装备"，坚守在各自的岗位上。这些工人就是植物体各个器官中已经完成分化的细胞，它们具备特定的形态结构，行使着特定的功能。不过，除了这些已分化的成熟细胞外，在植物体中，还存在一些未经分化的细胞，它们具有持续或周期性分裂的能力，其分裂形成的细胞群就是植物体中的分生组织。分生组织是植物体大工厂中一类特殊的工人队伍，这类队伍分布在不同的车间，尽管没有专业的"装备"，也不行使专门的功能，却是大工厂中非常重要的后备力量。这是因为，分生组织中的细胞能反复分裂产生新细胞，并可根据植物体或器官的需要进行分化，形成芽、根等新的组织或器官。因此，不难理解，在扦插、压条等营养繁殖中，正是离体器官中这些细胞的存在赋予了离体部位再生能力，使之长出新的根或芽，进而发育为新的独立生活的植株。

其实，不仅含有分生组织的器官具有再生能力，离体后可以发育为完整的新植株，只要条件适宜，植物体内的一部分已经分化的组织——甚至一个细胞离体后也能发育成一个新个体。早在1958年，英国科学家斯图尔德（Steward）等就通过将胡萝卜中已高度分化的根部细胞在体外进行培养，最终成功再生出了完整的小植株。这就是植物组织培养技术，也是一种人工营养繁殖的方法，后来不断被科学家完善，如今已非常成熟并广泛应用于各种树木花卉的培育和瓜果蔬菜的生产中。

当然，除了我们熟悉和常见的种子植物，苔藓、蕨类以及低等的藻类、地衣、菌类也都能进行营养繁殖，其营养繁殖方式也更为丰富多样。在大自然的水体中生活着一些单细胞的藻类，它们直接进行分裂，分裂后的每个子细胞都是一个新个体。例如蓝藻门中的色球藻，在显微镜下你会发现它们大多呈半球形，这是因为色球藻细胞分裂后，分裂面的恢复速度很慢。在神奇的大自然中，植物进行营养繁殖的方式多种多样，这是它们适应环境、长期进化的结果。

纵观整个自然界的植物类群，从低等到高等，无一不是神话里"拔毛成猴"的孙悟空，其营养繁殖兼备繁殖速度快和保持母体优良性状的特点，实乃大自然的杰作。

胜过毕加索

"无边落木萧萧下，不尽长江滚滚来。"我们在仰望茫无边际、萧萧而落的树叶的时候，是不是也可以俯下身来，轻轻捡起一片来，仔细地打量？或许你会发现，这片片树叶也是形态万千，颜色多变，叶面的脉络更是巧夺天工，艺术魅力简直胜过毕加索。

叶片是植物体上必要的一种器官，正是由于叶肉细胞中叶绿体的光合作用，植物才能源源不断地产生有机物（例如淀粉）。所以，"红花还要绿叶配"，绿叶不仅仅从颜色上衬托了花朵的美丽，暗地里也在为花的生长开放默默地奉献着。为了完成光合作用的任务和适应环境，叶片的形状也千姿百态。水生植物野慈姑（*Sagittaria trifolia*）的叶片就经历了从条形到箭形的多态性变化，刚刚长叶子时，条形叶子淹没在水中，长大一点之后，箭形的叶片被长长的叶柄高高举出水面。那么，为什么慈姑叶片会在不同时期呈现不同的形态呢？这要从慈姑的生活环境说起，慈姑一般长在浅水处，刚长出的叶子通常都淹没在水中，条形叶片可以很大程度上减少水流动时对植物的冲击力，从而保证慈姑可以屹立不倒。随着植物的长大，植物需要接触更多的阳光进行光合作用，满足植物的生长代谢，被叶柄高高举出水面的箭形叶片不仅不必担心流水的冲击，而且有利于充分接收阳光进行光合作用。这样在水中和在水上不同的叶片形态，是慈姑长期适应水生环境的结果。还有一种特别的植物叫槐叶蘋（ *Salvinia natans* ），这种植物漂浮于水面生长，在茎的每个节上有三片叶子，其中两片平展地漂在水面上或者向水上倾斜，另一片则变得像根一样沉入水中吸收水分和营养物质。长期的水上生活环境，使得槐叶蘋的水下叶子，不仅形态发生了变化，功能也发生了改变。另外一种水生植物水毛茛，其水上叶片宽大，有助于充分吸收阳光进行光合作用，而其水下叶却呈细条状，极大地减弱了水流对植物的冲击力。相比于水生植物，陆生植物叶片的形状就更加丰富了，仙人掌和松树的针形叶片、银杏的扇形叶片、甘薯的心形叶片等，都是适应环境的结果。生物学家也依据叶片的形状对植物进行分类。

条纹槭（*Acer pensylvanicum*），1806年，手绘图谱，维兹（F. B. Vietz）

　　相比于植物叶片的形态多样，植物叶片的颜色变化也毫不逊色。在中国北方（温带气候），大部分植物的叶片在春夏之季呈绿色，到了秋天，绿叶纷纷变黄，如条纹槭（*Acer ensylvanicum*），还有一部分变红，如著名的北京香山红叶主要树种黄栌（*Cotinus coggygria*）。从春意盎然的绿色风光，到绚烂夺目的金黄世界，抑或红叶漫天，都不失为一种美景，让人感叹不仅花朵，叶子也可以创造缤纷多彩的世界。那么是什么原因使植物的叶片在不同季节呈现出不同的颜色呢？植物的叶片内有光合作用的重要细胞器——叶绿体，而叶绿体内有光合作用的重要色素——叶绿素、叶黄素、胡萝卜素等。春天和夏天气温适宜，光照充足，是植物光合作用的黄金期，叶片内叶绿素含量占绝对优势，所以叶片呈绿色。到了温带地区的秋天，秋风渐紧，气温渐低，伴随着光照变弱，叶片内不能合成新的叶绿素，而叶片内原来的叶绿素又逐渐被破坏，比例降低，相反，叶黄素和胡萝卜素比较稳定，于是叶子就显现出这些色素的颜色——黄色。"停车坐爱枫林晚，霜叶红于二月花。"唐朝诗人杜牧描绘了一幅绚丽的晚霞和红艳的枫叶相互辉映的美丽画面。然而，不同于叶绿体中色素比例的变化促使叶子由绿色变黄色，叶片由绿变红是葡萄糖在起作用。秋天枫树为了抵御寒冬，叶子内开始积累糖分，因为糖分的增多可以降低细胞液的凝固点，从而增强抗寒能力，同时糖分的增加也使得细胞环境的酸性增强，而让液泡中的花青素变为红色，叶片也因此呈现红色。我们可以做一个简单的实验，来验证枫叶变红与糖分积累之间的关系：取一片绿色的枫叶，浸润在葡萄糖水中，就会看到绿色叶子逐渐变红。当然，在植物的世界中也不乏常年为红色的叶片，如紫鸭跖草、红苋、红叶紫苏、红桑等，这些植物的叶片细胞的液泡中花青素受细胞液酸碱性及金属离子的影响而呈现红色，所以常年为红色。还有少数植物长有蓝绿色叶片，如非洲鬼铁杉，这与呈蓝色的叶绿素 a 和呈黄绿色的叶绿素 b 的相对含量有关。

最后我们再来谈一谈叶片上可见的脉纹，也就是叶脉。叶脉贯穿于叶肉，是叶的支持和输导组织。叶脉一方面支撑叶片，使叶片能够伸展，以保证叶子正常的生理功能；另一方面为叶片传输水分和无机盐，并输出光合作用的产物。不同植物的叶脉纹理各不相同。例如，芭蕉、垂柳等植物叶片的叶脉可见一条明显的主脉，其两侧发出的一级侧脉呈羽毛状排序抵达叶缘；蓖麻、南瓜等植物的叶脉除了一条明显的主脉，同时主脉基部产生多条与主脉近似粗细的一级侧脉，一级侧脉又进而发出多条二级侧脉，这些次级侧脉又产生很多细脉，并交织成掌状网脉。除了以上有明显主脉的叶片，还有一些缺乏主脉的叶脉类型，如水稻、小麦等植物的叶脉，都是从叶片基部发出，彼此平行直达叶片尖端；紫萼、玉簪等植物的叶脉都从叶片基部生出，彼此之间的距离逐步扩大，最后距离又缩小，叶脉呈弧形；棕榈的叶脉同样从叶片基部生出，并以辐射状态向四周伸展；芭蕉的叶脉则有与主脉呈90°左右的侧脉平行直达叶缘。

　　无论是叶片的形状、颜色还是叶脉，其中都蕴含了科学原理和艺术价值，你用好奇和发现的眼光仔细观察，就能发现更多有趣、有意义的现象！

空气净化器

对于雾霾对日常生活的影响，生活在北方的人们深有体会。每当看到窗外烟尘弥漫时，人们总不禁要为自己柔弱的肺部担心起来。然而，"明枪易躲，暗箭难防"，相较于室外肉眼可见的雾霾，我们不曾提防的室内空气污染，才是危害我们健康的"元凶"。

既然室内空气污染对健康危害更甚于室外的雾霾，为何却无迹可寻、无踪可觅，不像雾霾一样可见？这是因为室内空气污染主要来自悬浮颗粒物和气态污染物。

悬浮颗粒物包括肉眼可见的灰尘和肉眼不可见的纤维、细菌、病毒等。这些颗粒物一旦被我们吸进肺里并引发相关的免疫反应，就会危及我们的健康。比悬浮颗粒物"杀伤力"更大的气态污染物，则包括了多种有害气体，如甲醛、苯、三氯甲烷、氨气等。装修房子时使用的很多材料会缓慢释放出苯、甲醛、三氯甲烷等有毒气体，这些气体对人的皮肤、眼睛和呼吸道等刺激性极大，长时间接触更会导致中毒甚至致癌；现代化的办公设备，如打印机等，在工作中会产生臭氧，而臭氧在高浓度下会让人出现头痛、呼吸器官麻痹等症状；做饭时产生的油烟与吸烟时产生的烟雾组成复杂，更是不容小觑——科学家就曾从厨房的油烟和香烟的烟雾中分离出了多达3800种的物质，其中很多都具有致癌性。此外，人体通过口鼻、皮肤、汗腺等可排出大量污染物，在一定的湿度下还会导致细菌、病毒的大量繁殖。在现代城市的许多写字楼中，很多公司职员染上了一种名为"建筑物综合征"的疾病，其症状包括眼睛、鼻腔、喉咙等多处黏膜的不适，以及头痛、哮喘、疲劳和肠胃不适等。总之，室内空气污染的危害不一而足。

那么，面对具有如此"杀伤力"的室内空气污染，我们应该怎样防护呢？除了使用安全的建筑材料、从源头杜绝污染物产生外，科学家还建议大家在室内放置安全高效的空气净化小能手——植物。

20世纪六七十年代，宇航员们在太空旅行的过程中发现，密闭的宇宙飞船内空气质量会迅速变差。为了解决这个问题，美国国家航空航天局的科学家们将目光投向了植物。科学家们发现，很多植物都能有效地吸收如甲醛、苯、三氯乙烯等室内污染物，例如棕竹（*Rhapis excelsa*）、虎尾兰（*Sansevieria trifasciata*）、非洲菊（*Gerbera jamesonii*）、绿萝（*Epipremnum aureum*）。研究表明，一株虎尾兰可以在24小时内吸收约31毫克的甲醛和约29毫克的苯，而一株非洲菊则能在24小时内吸收多达约108毫克的苯和约39毫克的三氯乙烯。

花盆里的植物是如何吸收这些有害气体的呢？我们知道，植物会通过气孔吸入二氧化碳来进行光合作用，而在吸收二氧化碳的同时，各种有害气体也会被吸入。德国科学家曾经用具有放射性的碳元素给甲醛气体打上"标记"，来研究污染物被植物吸收后在植物体内的转化情况。他们发现，吊兰在吸入被标记的甲醛后会通过体内的代谢作用，将它们变成自身生长发育所需的氨基酸和糖类等。而且，吊兰的这种代谢非常高效，在有光的条件下，能使60%—90%的甲醛被分解掉；在黑暗中也能持续分解，兢兢业业"站岗"，尽管分解效率只能维持在有光条件下的20%左右。除了甲醛以外，苯和甲苯等也同样能够以类似的方式被植物分解掉。

科学家们还发现，把植物从花盆中取走后，室内的有害气

棕竹（*Rhapis excelsa*），1887年，手绘图谱

体浓度同样会发生显著的降低，这意味着植物赖以生存的土壤可能也具有吸收有害气体的功能。后续的科学研究发现，植物在进行呼吸作用时会将氧气和有害气体同时输送到根部，而植物根部所在的土壤中含有很多微生物（例如细菌），其中一些微生物能够把这些有害气体当作它们的"食物"来帮助自己生长，从而降低空气中的有害气体含量。最令人欢欣鼓舞的是，这些微生物具有快速适应有害气体的本领，它们吸收分解的能力会随着气体浓度的增加而加强。

造福于室内空气的植物和土壤微生物，在改善室内空气的能效上是否有高下之分呢？有研究者做了相关的实验，分别测定和比较了植物地上部分和根部土壤对有害气体的吸收能力。结果显示，植物自身和土壤微生物的有害气体吸收能力在夜晚会有明显差别。白天，植物自身和土壤微生物的有害气体吸收能力大致相同；而到了夜晚，植物自身的有害气体吸收量会大幅度减少，土壤微生物的有害气体吸收量却反而会有一些增加，甚至达到植物自身吸收量的15倍以上。由此可发现，土壤中那些无法用肉眼看见的微生物也对我们的健康贡献颇丰！

除了吸收分解有害气体之外，植物还会通过其他方式提高室内空气的质量。例如，植物在蒸腾作用时会产生很多带负电的离子，这些负离子能够促进我们的身体健康；植物还能清除室内空气中50%—60%的漂浮微生物，同时还能减少约20%的灰尘。当然，不要忘了植物最基本和最重要的功能——光合作用，能够不断地吸收我们呼出的二氧化碳并为我们生产维持生命的氧气。哪怕在夜晚，大部分的植物也是能够制造氧气的！

好了，说了这么多，想必你已迫不及待地要为自己的居所添置几盆植物了！那么，问题来了，到底哪些植物对空气质量的改善效果最好呢？有两点需要大家记住：首先，不同植物改善空气质量的能力有明显差异，通常叶片面积越大、代谢作用越强烈的植物空气净化能力越好；其次，植物对有害气体的吸收能力会随着环境的变化而改变，一般情况下，温度越高或湿度越低，植物的蒸腾作用越强烈，就会有更多的有害气体随着氧气一起被输送到植物的根部并被分解掉。非洲菊、白掌和三色铁等能够高效地吸收苯和三氯乙烯，而棕竹、虎尾兰和螺旋铁则对甲醛有着非常强的吸收能力。说到这里，不妨赶紧测测你的室内空气情况，然后添置几盆合适的植物吧！

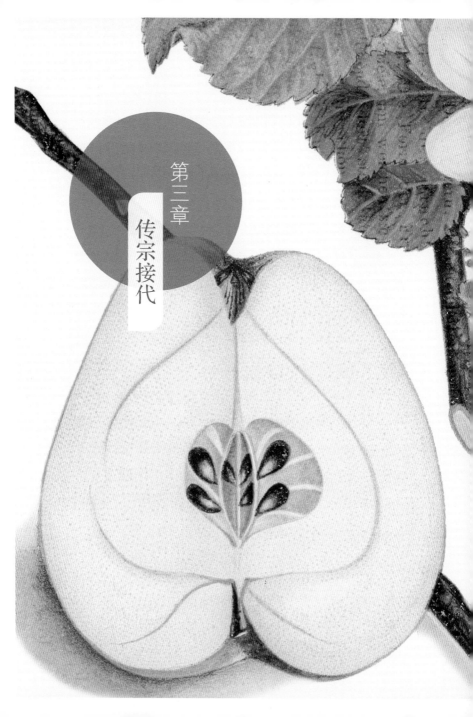

第三章

传宗接代

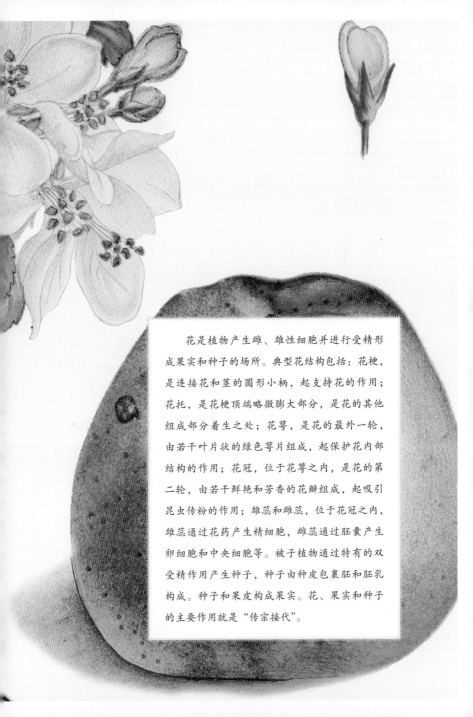

花是植物产生雌、雄性细胞并进行受精形成果实和种子的场所。典型花结构包括：花梗，是连接花和茎的圆形小柄，起支持花的作用；花托，是花梗顶端略微膨大部分，是花的其他组成部分着生之处；花萼，是花的最外一轮，由若干叶片状的绿色萼片组成，起保护花内部结构的作用；花冠，位于花萼之内，是花的第二轮，由若干鲜艳和芳香的花瓣组成，起吸引昆虫传粉的作用；雄蕊和雌蕊，位于花冠之内，雄蕊通过花药产生精细胞，雌蕊通过胚囊产生卵细胞和中央细胞等。被子植物通过特有的双受精作用产生种子，种子由种皮包裹胚和胚乳构成。种子和果皮构成果实。花、果实和种子的主要作用就是"传宗接代"。

争先恐后

人们熟知的多数植物都是春天先慢慢长叶，进行光合作用，慢慢积累营养（营养生长阶段），然后逐步开始花芽的发育（生殖生长阶段），最后开花结果，直至冬天衰老死亡完成整个生活史或进入休眠期。这些植物一般称为"先叶后花植物"。但是，有些植物却反其道而行之，它们在经历整个冬天寒冷的刺激后，没有先休养生息，恢复元气，反而争先恐后地选择先开花，然后慢慢长叶。一般称这些植物为"先花后叶植物"。例如蜡梅（*Chimonanthus praecox*），在12月到来年2月间最早开花，在每年最冷的时候迎寒怒放，无数文人墨客为它写下赞赏的佳句。早春开花的植物中，有很多都是先开花后长叶。具有先花后叶现象的植物多数是多年生的木本或藤本植物。须要注意的是先花后叶现象并不绝对，如李树、桃树、西府海棠、白梨和迎春花等既

蜡梅（*Chimonanthus praecox*），1899年，手绘图谱

可以是先花后叶，也可以是花叶同放，有些甚至可以反转成先叶后花。

从植物生理学角度看，先开花后长叶的原因之一是花芽和叶芽的发育对温度的需求有所不同。一般来说，先花后叶植物花芽发育比叶芽发育所需温度要低。二、三、四月份时，气温较低，此时的温度正好满足了先花后叶植物花芽生长的需要，因而花芽慢慢膨大，逐渐开放出花朵。但这个温度还不能满足叶芽生长发育的需要，故而，叶芽依然在等待，直至温度逐步升高满足叶芽的需求后，叶芽才慢慢萌发生长。这样就形成了先花后叶这种独特的现象。如果植物的花芽和叶芽对温度的敏感性比较接近的话，就会出现先花后叶或者花叶同放的现象。正因为其中的核心因素是温度，在天气反常的年份，或者是特殊的地理条件下，异常的气温会导致某些植物开花的时间发生变化。唐代诗人白居易有诗云，"人间四月芳菲尽，山寺桃花始盛开。长恨春归无觅处，不知转入此中来"，暗含的正是这个道理，只是这对千年之前的白居易来说难以理解而已，正所谓"一山有四季，十里不同天"。

无论先花后叶，还是先叶后花，都要经历基本的花芽分化和叶芽分化阶段。在寒冷的冬季，光照稀缺，温度甚至会跌到零下，此时植物非常不适合进行生殖生长，又怎么能分出精力去产生花芽和叶芽呢？那些二年生或者多年生植物是如何解决这个难题的呢？植物从营养生长过渡到生殖生长阶段时，茎尖分生组织逐渐分化为花芽原基（花芽起源的细胞团），称为"花芽分化"。多数二年生和多年生植物的花芽和叶芽在头年夏天或秋天已经发育好了，在树木的枝条上被小心呵护，慢慢度过寒冷的冬天。来年春天到来，达到适当的温度时，花芽和叶芽就会释放出来。对植物如何感知季节，感知温度和光照，从而选择合适的时机进行花芽发育、休眠和苏醒等，科学家们已经研究了很多年，发现这主要是各种环境刺激和内源信号相互作用的结果。而花芽原基和叶芽原基对温度敏感性的不同响应会造成花和叶片出现时间顺序的不同。

从植物生理学的角度看，先开花后长叶的原因之二是为了有效促进植物花粉的传播。根据传粉方式的不同，有花植物可分为风媒花和虫媒花。风媒花是指利用风作为传粉媒介的花，如常见的玉米和杨树的花，一般较小且不鲜艳；而虫媒花是指利用昆虫作为传粉媒介的花，多数有花植物都是虫媒花，如花卉中的牡丹和月季，果树中的白梨和桃树，虫媒花一般较大且鲜艳，多含花蜜。先开花后长叶的植物，如是虫媒，则便于昆虫如蝴蝶和蜜蜂找到花朵；如是风媒，则便于风传播花粉，防止叶片阻挡花粉向远处传播。

从生物演化的角度进行思考，异花授粉（一朵花的花粉落到同一植株或不同植株的另一朵花的柱头上进行授粉）比自花授粉（一朵花的花粉落到这朵花的柱头上进行授粉）更为有利，因为此时的精细胞和卵细胞可能来自于不同的生活环境和遗传背景，产生的子代可以获得更多的变异，从物种水平看，更容易应对复杂多变的生活环境。所以多数植物最终选择异花授粉，为了提高授粉的效率，甚至不惜冒着严寒释放花朵。这样，先花后叶的现象也就很好理解了。

尽管目前对二年生和多年生植物花发育机制有了一定的认识，但是对于什么因素会影响植物花和叶最终释放的顺序，宏观层面的研究还很有限。有研究者从现代物候学角度对先花后叶的现象进行了研究。物候学是生物学与气候学之间的交叉学科，是研究生物体生长发育的季节性现象与所处环境的周期性变化之间相互关系的科学。我国物候学研究历史悠久，现代物候学研究也由于竺可桢先生等人的贡献，在全国各地积累了很多高质量的数据。研究人员基于1963—1988年积累的北京颐和园地区两种植物——杏和山桃的花芽和叶芽、始花和展叶的物候资料，以及当地每日最高、最低温度的数据，建立适当的数学模型，分别估算花芽和叶芽的需冷量和需热量。结果发现，先花后叶植物的花芽和叶芽的需冷量几乎相同，而叶芽的需热量却约是花芽的2倍。由此，该研究显示需热量是植物先花后叶的主要原因。

　　相关研究仍在继续，但不管如何，在大雪纷飞的冬季和料峭春寒中，先花后叶植物着实为我们的生活平添了太多美丽。

深藏不露

"深藏不露"常用来形容一个人才高八斗、经纶满腹，但性格内敛，不爱在别人面前卖弄学识。在植物世界里，春天是开花的季节，各种植物争相斗艳，使尽浑身解数来吸引昆虫为自己传播花粉，以达到传宗接代的目的。然而，在这互相攀比的季节里，有些植物却深藏若虚，从不到处炫耀。无花果（*Ficus carica*）就是典型的代表。那么，无花果，是否果如其名，不开花就能结果呢？

对古人类栖息地的化石研究表明，其实早在11 000年以前人类就开始种植无花果了，无花果被人类利用的历史要远远长于水稻、小麦、桃等。无花果是否有花这个问题曾经困扰了人类很多年，直到植物学家对无花果进行解剖后发现，无花果不仅有花，而且还有三种形态各异的花，且一年

无花果（*Ficus carica*），1885年，手绘图谱

开三次。那么无花果的花在哪儿呢？通过解剖无花果幼果发现，果实内部密密麻麻的丝状物就是它的花。利用显微镜放大无花果的丝状物可以观察到，它们其实和普通的花类似，具有花梗、子房（植物生长种子的地方）和柱头（雌蕊顶端接受花粉的部位）；与普通的花不同的是它们没有花瓣，且雄蕊和雌蕊生长在不同类型的花上。野生型无花果具有雄花和雌花，而栽培型无花果只有雌花。野生型无花果虽雌花、雄花都有，但所结的果实不能食用；栽培型无花果虽只有雌花，果实却甘甜可口。野生型无花果的雄花和雌花有规律地分布在无花果的内部：雄花生长在底部，而雌花生长在顶部。野生型无花果在一年当中分别在早春、初夏和夏秋之交开花，而栽培型无花果只在春天开花。所以无花果并不像它的名字所说的那样没有花，只是比较"低调"，尽管一年开好几次花，却在花上包裹一层甘甜可口的皮而不到处炫耀。

栽培型无花果虽然长有雌花，但却把花包了起来，无法像其他植物那样借助风或者一般的昆虫来传花授粉。那它又如何进行传宗接代呢？在现代无花果栽培中，一般采用扦插的方式来进行繁殖。但早在人类种植无花果以前，栽培型无花果就已经在地球上生息繁衍了。在没有人类干预的自然条件下，栽培型无花果基本不可能得到扦插繁殖，它们和其他植物一样，利用种子来繁殖。既然野生型无花果既有雄花又有雌花，是不是它们产生的种子就能够变成栽培型无花果呢？现代遗传学研究发现，野生型无花果通过基因突变变成栽培型无花果的可能性极小。所以，栽培型无花果不太可能通过野生型无花果的种子来获得，唯一的可能就是有人或什么东西将野生型无花果的花粉搬运到栽培型无花果的花上。

那么是谁把野生型无花果的花粉搬运到栽培型无花果的花上的呢？生物学家观察发现，野生无花果内部的昆虫——榕小蜂正是这一过程的搬运工。榕小蜂是一种细长形的蜂，它们寄生在包括无花果在内的榕属树上，每一种榕属都有自己的榕小蜂。榕小蜂和无花果相互帮助，以确保它们两者都能够存活下来，这是植物与昆虫之间相互关系的有趣典型：它们是一对好朋友，互惠互利，相互关爱，提供对方所需要的帮助。仔细观察成熟无花果不难发现，在果实底部有一个小洞，能够通到果实内部，榕小蜂就是通过这个通道钻到无花果内部进行授粉的。无花果又是如何让榕小蜂将自己的花粉搬运到另一个无花果上的呢？在长期进化过程中，无花果和榕小蜂产生出一套令人拍案叫绝的相互适应机制。榕小蜂一般居住在雌雄同体的野生型无花果的果实上，后者在一年当中分别在早春、初夏和夏秋之交开花。当野生型无花果开花时，榕小蜂成虫就会飞进无花果内部，将自己的输卵管插在无花果雌花的柱头上。由于野生型无花果雌花的柱头长2毫米，而榕小蜂的输卵管也是长2毫米，榕小蜂就能够将卵产在无花果雌花的子房里面。榕小蜂的卵孵化后，就以无花果的子房为食物，直到变成成虫。野生型无花果虽然一年开三次花，但只有在早春开的花有活力，能够与雌花结合产生种子。恰恰也是这个时候，在无花果里生长的榕小蜂长出了翅膀，它们须要钻出子房，去寻找产卵的地方。它们带着长成的翅膀在无花果里走动，翅膀上就沾满了花粉。它们钻出去后，飞到栽培型无花果的果实里面，所携带的花粉就与栽培型无花果的雌花结合，雌花完成受精。与野生型无花果不同的是，栽培型无花果雌花的柱头长度为3毫米，比榕小蜂的产卵管长，榕小蜂无法在栽培型无花果里面产卵，这样，栽培型无花果就能够顺利地结种子并传宗接代了，而榕小蜂须要去寻找下一个柱头短的野生型无花果的花来产卵并培育它的后代。这也正是为什么我们吃的栽培型无花果掰开后里面不会发现虫子，但当你掰开一个野生型无花果的果实，很有可能看到里面满是虫子。另一方面，榕小蜂的寿命只有几个月，因此野生型无花果一年开三次花，保证榕小蜂不会因为食物短缺而无法传宗接代。它们两者配合得如此完美，帮助对方顺利存活并完成传宗接代，我们不得不叹服大自然的神奇！

无花果对人类具有多种价值。首先，它味道鲜美、肉质细嫩，口感似香蕉又比香蕉更甜，营养丰富，由于果实质软不易保存故常常被制作成蜜饯、果干、果酱和罐头制品等；其次，它的果干还有药用功效，可用于治疗咽喉肿痛。目前已知的无花果品种有800多个。无花果原产于地中海附近，生长在热带和温带，唐代传入中国后在南北方均有种植。无花果树移栽简单，生长迅速，大多数是一年四季常绿，当年移栽当年就可以结果，树形优雅，树叶形状奇特，可以用来绿化、观赏或是制作盆栽。神奇的大自然造就了各式各样的植物，每种植物都有它自己的性格，"害羞"如无花果，在品尝它甘甜果实的同时，我们也要像它一样，做一个"深藏不露"的人。

以假乱真

在万物复苏的春天，公园里最吸引我们眼球的便是那些颜色鲜艳、形态美丽、气味芬芳的花朵了。我们走到它们面前时，总忍不住驻足观赏，而且还会捧起来拍照留念。可你有没有想过，植物究竟为什么要这么"努力"地引起注意呢？

我们知道，作为本能，自然界中的各种生物都要繁衍后代。植物产生后代的方式有两种。一种是比较简单的无性生殖，不通过雌雄生殖细胞的结合来产生后代。其中最常见的是营养生殖，即用植物的根、茎、叶等营养器官的一部分进行培养来繁殖后代。另一种是比较复杂的有性生殖，这是有花植物采用的最主要的繁殖方式，须经过雌雄生殖细胞相结合形成合子（即受精卵）的过程。有性生殖是靠种子（其中包含由合子发育而来的胚）的播种和发芽生长来繁衍后代的。

而花是"被子植物"（因种子外层有果皮包被而得名，也称"有花植物"）的有性生殖器官。植物授粉是被子植物结成果实、产生种子必经的一步。花朵的雄蕊里通常有一些黄色的粉末，称为"花粉"。授粉就是将这些花粉传到同类植物某些花朵的雌蕊上。说到授粉，大家首先就会想到蜜蜂采蜜。没错！正是勤劳的小蜜蜂帮助植物将花粉传播出去。

自然条件下，植物的授粉方式有虫媒、风媒、水媒等。上文提到的虫媒是有花植物最主要的授粉方式，而蜜蜂是虫媒授粉的主力军。虫媒主要依赖昆虫的造访：花粉会直接或间接沾到昆虫的身上，当昆虫到下一家"做客"的时候，身上的花粉就会散落到其他花的雌蕊上，这样，需要异花授粉的植物的花粉就得到了传播。那什么样的花更容易吸引蜜蜂等昆虫到它们家"做客"呢？

公园里颜色越艳丽、形状越好看、散发的气味越芳香的花越会吸引我们驻足观赏，同样也越会吸引昆虫光顾。然而，并不是所有的花都有婀娜的身姿与娇艳的颜色，有些甚至连可人的气味也不具备。这些不够吸引昆虫的花是不是就不会有昆虫光顾了呢？没有了昆虫的造访，也不具备其他自然条件，这样的植物是不是就无法完成授粉了呢？物竟天择，随着时间的推移，这些植物是不是就会被淘汰掉呢？现实告诉我们，这样的植物是"聪明"的，它们"猜透"了昆虫们的心思，能"以假乱真"来吸引昆虫授粉。它们虽然没有艳丽的花朵，没有美丽的形态，也没有诱人的芬芳，但是它们有美丽的"面具"作为诱饵。

说到有花植物的"面具"，这里要介绍一种十分常见的以假乱真本领超强的植物器官——苞片。苞片是包围着花序的变态叶状物，其功能主要是保护花朵和果实。然而就是这个小小的苞片，在一类植物中发挥了重要的功能。这些苞片具有很高的"颜值"，植物的花朵越不鲜艳，苞片的"颜值"就越高。植物可以用这些苞片作为诱饵，吸引昆虫驻足，这样，即使自身的花朵并不引"虫"注目，也可以吸引昆虫造访，将自身的花粉传播出去。

有一种我们常见的花，名字叫作红掌（*Anthurium andraeanum*），顾名思义，像通红的大巴掌。红掌之名源自其叶形苞片。传统的红掌苞片为红色，现在通过栽培技术可以使之呈现出各种想要的色彩。艳丽的苞片可以吸引昆虫前来，为植物花序授粉。红掌又称为"安祖花""火鹤花"等。它的生长极具特色，往往是长一片叶子长一朵花，这样的交替生长令它形态错落有

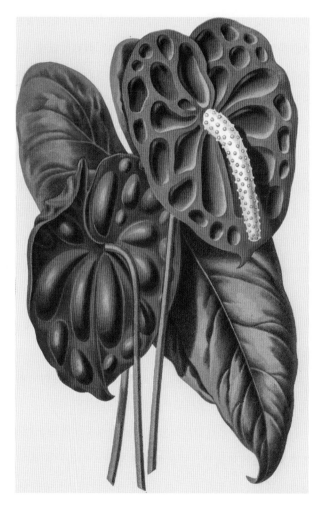

红掌（*Anthurium andraeanum*），1881年，手绘图谱，戈达德（Godard）

致，样子十分别致。我们看过红掌的图片之后，一定会发现很多装饰性场合都少不了它的身影。红掌的红色苞片就像一条红色的裙子，围绕在亭亭玉立的佛焰花序周围。红掌的花语是大展宏图、热情、热血，这与它艳丽的花苞不无关系。虽然红掌的花蕊形态可人，但是颜色却不够吸引昆虫的目光，只有通过苞片的配合上演一出别开生面的化装舞会才能达到吸引昆虫授粉的目的。

其实，为了增加授粉概率，植物们的"假面具"可真不少，这给它们带来了意想不到的视觉效果。热唇草（*Psychotria poeppigiana*），通常生长在特立尼达和多巴哥以及哥斯达黎加的热带丛林中，名字来源于它的形态。"热唇"其实是热唇草的苞片，颜色鲜红，宛如少女的双唇。更奇妙的是，它的花朵就生长于"双唇"之间。但由于热唇草的花朵长得非常小且没有颜色，也没有甜甜的蜜糖味道，热唇草就得依赖艳丽的"双唇"吸引昆虫的驻足，完成繁衍后代的授粉任务。

不管是宛如身着红裙的娇羞女子的红掌，还是宛如烈焰红唇的奔放舞者的热唇草，它们都是在用苞片作为"面具"，吸引昆虫的注意，以假乱真，增加访花者。植物虽然没有神经，但是它们却拥有自己独特的生存之道，经过自然选择与进化，

紫花凤梨（*Tillandsia cyanea*），1869年，手绘图谱

用非常巧妙的方式获得繁衍能力。

植物不仅帮助了自己，还给我们创造出丰富多彩的美丽世界。蝎尾蕉的苞片呈折叠的船形，包裹着直立生长的花序，苞片颜色艳丽，形状独特，一度风靡全球。紫花凤梨（*Tillandsia cyanea*）也适于居家装饰。单从形态上看，它有一朵非常美丽的"花朵"，而看上去的"花瓣"实际上都是它的苞片。苞片相对生长，令它整个看上去像一个椭圆的紫色灯笼，非常别致。

自然界中的动物可以通过各种伪装迷惑捕食者，达到保护自己的目的。没想到植物也进化出了这样的伪装办法，只不过目的不一样。植物的"以假乱真"是不是令人叹为观止呢？其实大自然的奇妙不止这些，它比我们想象的要"聪慧"得多！

老来得子

在树冠枝叶中，常见一簇簇的花和一串串的果实，正所谓"花开满枝头""枝头硕果累累"。花开在高高的树冠上，有利于昆虫为它传播授粉；果实结在枝头上，也便于鸟类吞食为它传播种子。花、果生于树冠枝头没有什么奇怪的，但你是否见过美丽的鲜花、饱满的果实生长在粗大的树干或无叶的老枝上，甚至生长在树干的基部呢？这种现象是不是很奇特呢？这就叫"老茎生花""老茎结果"。

"老茎生花""老茎结果"的现象常见于热带雨林。热带雨林位于地球赤道附近，终年炎热，降雨量充足，植物种类繁多，生长极其繁茂。热带雨林植物奇观甚多，树冠分枝、独木成林、空中花园、板根、黑色花朵……那"老茎生花""老茎结果"的奇特现象又是如何被发现的呢？有资料记载，早在

1752年，瑞典植物学家奥斯伯克乘船前往中国路经爪哇时，看到一株树木的树干上生长出了很多美丽的花朵，当时他以为自己发现了新的无叶寄生植物。后来人们才发现那些美丽的花朵并不是新的寄生植物，而就是那株树自己在茎干上开出的。热带雨林中具有"老茎生花""老茎结果"特点的茎花树木不在少数，这种植物特性的形成与热带雨林的环境有着密切的关系。热带雨林植被繁茂，各式各样的物种千奇百怪，物种与物种之间以及物种与环境之间相互作用、相互影响，从而形成了热带雨林特有的生态环境。"老茎生花"的现象其实就是植物为了适应热带雨林的特定环境，通过长期的进化与选择而产生的。热带雨林乔木种类繁多、参差不齐，为了多争取阳光，它们都拼命地向上生长，不断扩增自身树冠的空间，相互竞争，相互影响。但它们开花结果，繁衍后代，还需要授粉者为它们传播花粉。为了充分利用有限的空间，热带雨林乔木的树冠分布在垂直空间上、中、下三个不同的层次。那些直接在树干或无叶的老枝上开花、结果的茎花植物多为下层乔木或灌木。这些树木将花朵开在树干上，那里空间广阔，不像树冠层那样异常拥挤，而且许多昆虫的活动范围都低于树冠层，这样就更利于它们传宗接代，于是就形成了"老茎生花""老茎结果"的现象，打破了"人老不孕、树老不果"的规律。除了老茎生花之外，有些树木是老枝生花，而有些树木，例如棕榈类植物，不仅花从茎上长出，还形成了一个巨大的下垂花序，叫作"鞭花"。同枝花一样，鞭花也是树木对于传播花粉的一种特殊适应。

这些具有老茎生花、老茎结果特性的植物我们通常称为"茎花植物"，它们大多生长在热带雨林之中，据统计有1000种以上。在美丽的西双版纳，茎花、茎果的树木种类很多，其中最常见的有波罗蜜（树波罗，*Artocarpus heterophyllus*）、聚果榕（*Ficus racemosa*）、木奶果（*Baccaurea ramilflora*），以及十分著名的可可（*Theobroma cacao*）。

波罗蜜是茎花植物的典型代表。傣族庭院中最常见的茎花植物就是波罗蜜，当地人称之为"麻密"。波罗蜜又被称为"树波罗"或"木波罗"，是高大常绿乔木。波罗蜜枝叶繁茂却不在枝头上开花结果，每到开花结果的时节，粗大的树干便会环绕无数的花果，一簇簇、一串串，形成花包树、果包树的壮丽景观。波罗蜜的果实巨大无比，是世界上最重的水果，大自然将其悬挂在粗壮的树干而非柔弱的枝条上真是不无道理。波罗蜜果肉香甜，芳香四溢，因此有"热带水果之王"和"齿留

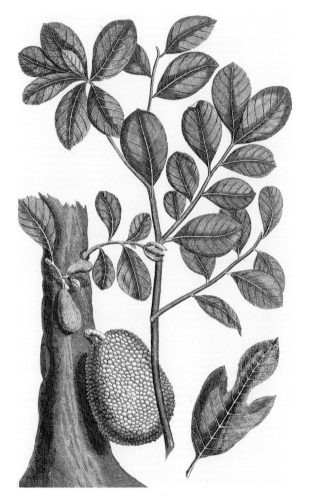

波罗蜜（*Artocarpus heterophyllus*），1775年，手绘图谱

香"的美名。波罗蜜原产于热带地区的印度和马来西亚，后来传入中国。波罗蜜树木一般高达8—15米，枝叶、根系和果肉都含有白色的乳液。在我国，波罗蜜主要分布在云南、广西、广东、台湾等地区，尤其以广东地区最多。波罗蜜浑身是宝，树龄越大的波罗蜜结果越多，木材也越好，具有很高的经济价值。它的树干坚硬不易受虫蛀，色泽均匀，木纹细致，可用于造船和制作家具。它的果肉松软，香甜如蜜，含有很高的糖分，食用后口齿余香不断。果肉含有丰富的糖类和维生素，可以将其加工制作成饮料和罐头，具有很高的营养价值。食用果肉之后剩下的果皮亦可用来酿酒。波罗蜜的种仁富含蛋白质和淀粉，可以用来煮糖水或煮汤，也可以煮熟之后食用，味道与栗子相仿。波罗蜜的树液和枝叶具有珍贵的药用价值，树液可以治疗溃疡，而枝叶可以磨碎后敷愈创伤。另外，波罗蜜树形整齐，树冠高大荫浓，具有较高的园林观赏价值。

　　"老茎生花""老茎结果"这不同寻常的现象，是树木应对热带雨林特有气候环境的适应性策略。这种在老茎上开花、结果的特性是可以遗传的，我国西双版纳热带植物园里栽培了许多这样的茎花植物，虽然不再处于热带雨林的特有环境，它们还是"老茎生花""老茎结果"。

真假难辨

　　《西游记》承载着许多人的童年记忆，其中有一节讲真假美猴王之辨，即便是八戒、沙僧、唐僧还有菩萨都难辨美猴王真假，最后在如来的帮助下，才将六耳猕猴变来的"孙悟空"识破。假作真时真亦假，真与假亘古辩证存在着。春华秋实，大自然运行着普遍规律的同时也馈赠了我们硕果累累。果实也有真假之分，有真果，也有假果。当然，假果并不是幻化的、合成的、虚假的。那真果和假果到底指什么？怎么辨别？生活中常食用的果实哪些是真果哪些又是假果呢？

　　"等闲识得东风面，万紫千红总是春。"春天百花竞放，生机盎然。花是被子植物传宗接代的主要器官。被子植物的花通常由花托、花萼、花冠、雄蕊群和雌蕊群几个部分组成，它们都存在时称为"完全花"；如果缺失其中一部分或者几部分，则称为"不完全花"。花萼位于花的最外部，由若干萼片组成。花冠着生于花萼内部，由若干花瓣组成。雄蕊由花药和花丝两部分组成，其中花药内部会产生大量的花粉，花粉内含精细胞（也称为"雄配子"）。雌蕊一般由柱头、花柱和子房三部分构成，外形类似于花瓶，有瓶口、瓶颈和瓶身。子房类似于瓶子的瓶身，是胚珠（种子的前体，在精、卵细胞受精后发育成种子）生活的房子，胚珠内含卵细胞（也称为"雌配子"）。花托像托盘一样支撑着各个花器官。

雄蕊的花药成熟后开裂，花药中的花粉传递到雌蕊柱头上，完成传粉。之后花粉萌发，经由花柱，最终到达子房。花粉的精细胞和胚珠内的卵细胞融合，形成受精卵，完成受精过程，孕育了崭新的生命。一朵花在完成受精这一生理过程后，形态结构也会发生相应的变化。苏轼《蝶恋花·春景》中有"花褪残红青杏小。燕子飞时，绿水人家绕。枝上柳绵吹又少。天涯何处无芳草"，精简准确地描写出了这一形态变化过程。"花褪残红"描写的是花朵完成受精后，花萼、花冠、雄蕊、柱头和花柱开始枯萎以至脱落；"青杏小"描写的是子房的变化，子房在受精前很小，包裹着胚珠，受精后膨大发育成果实，子房中的胚珠则发育为种子；而"枝上柳绵吹又少"描写了柳絮纷飞的场景，柳絮是柳树的种子，上有白色绒毛，成熟后散播，以繁衍生息。

在千姿百态的果实中，只有由子房发育形成的果实称为真果，例如桃、李、杏、葡萄、柑橘、枣、荔枝、核桃、花生等；而花托、花萼、花冠等与子房一起发育形成的果实则称为假果，例如苹果、梨、西瓜、黄瓜、石榴、草莓、桑葚、菠萝等。

真果由果皮和种子两部分组成。果皮可以分为外果皮、中果皮和内果皮，由子房壁发育而来。以桃子和杏为例，外果皮薄，具有细毛；中果皮肥厚多汁，是我们主要食用的部分；内果皮加厚，形成坚硬的核。我们作为坚果食用的桃仁和大杏仁，便是种子。绕口令"吃葡萄不吐葡萄皮，不吃葡萄倒吐葡萄皮"中说到的葡萄皮是葡萄的外果皮，而它的中果皮和内果皮发育成我们食用的多浆的部分，难以区分，里面坚硬的部分是种子。柑橘的内果皮长出的多汁的表皮毛是食用部分。荔枝的中果皮干缩成膜状，白色半透明状的食用部分为内果皮。我们平时见到的核桃的褐色部分实际上是内果皮，食用的部分为种子，外果皮和中果皮是外面青绿色的部分，可以人工去除。花生的中果皮和内果皮难以分离，紧贴着外面硬壳状的外

苹果（*Malus pumila*），1907年，手绘图谱，马蒂厄（A. Mathieu）

果皮，我们食用的部分为花生的种子。花生是世界公认健康食品，在我国花生被列为"十大长寿食品"之一，花生米外面的红衣，即种皮，中医认为具有补血止血作用。

上面列举的真果的果皮都是由单一的子房壁发育而来，而假果除了子房，还会有花托或者花被参与果实的形成。例如梨果类的苹果、梨和山楂等，以及瓠果类的西瓜、黄瓜和甜瓜等，其子房与花托愈合共同发育成果实。苹果的外果皮含有蜡质，食用部分为中果皮，内部革质的核为内果皮，种子包裹其中。黄瓜亦是如此，我们去菜市场挑选黄瓜，有经验的人会挑选头部有黄色花朵的，因为新鲜。残存的花被下面是黄瓜的食用部分，由子房和花托发育而来。

"聚合果"，即一朵花的多个雌蕊着生于同一花托上而形成的果实，如常见的草莓和悬钩子等。草莓让我们垂涎欲滴的红色食用部分便是膨大的花托，下面有绿色的宿存花萼，膨大的花托上的黑色颗粒便是由草莓雌蕊发育而来的小瘦果。

"聚花果"，即由整个花序发育而来的果实，例如桑葚、菠萝和无花果等。桑葚食用的部分主要是肉质的花萼，内部包裹着子房发育而来的小坚果。菠萝切开后中央质感比较硬的部位实际上是花序轴（花朵着生的小枝）发育而来，表面每个小格

野草莓（*Fragaria vesca*），1861年，手绘图谱

子都是由一朵花发育而来。一般果实都是在卵细胞受精后发育成熟的，但是像菠萝之类的植物，卵细胞不经过受精，子房直接发育成果实，称为"单性结实"——所以菠萝果实中没有种子。无花果的花序构成比较特别，花托膨大延展成囊状，仅留顶部一个小孔，可以供榕小蜂钻入传粉。由于无花果树枝叶繁茂，花小，而且包于囊状的花托中，等果实膨大时，人们恍然以为没有开花便收获果实，因此得名"无花果"。我们食用的部分实际上是肉质的花托，切开无花果后看到的红色部分是雌花发育而来的果实。

虽说六耳猕猴与孙悟空真假难辨，但如来遍识周天之物，广会周天之种类，故能一眼识破。大家以后享用美味的果实时，不妨试试用上面的知识仔细观察，思考一下各部分的发育来源，说不定你也能轻松辨别果子的真假。

好事成双

　　个体生命的长度虽然有限，但却可以源源不断地繁衍后代。后代是怎样产生的呢？在大自然中，我们熟知的绝大多数动物都是通过雌雄个体结合产生后代，例如直接生出幼仔（称为"胎生"）的熊猫，通过产卵或下蛋得到后代（称为"卵生"）的鱼或鸡，不管是胎生还是卵生都须要通过精子和卵子结合产生受精卵。那么植物又是如何产生后代的呢？会开花的植物（称为"显花植物"，包括裸子植物和被子植物）一般通过雌雄生殖细胞结合的有性生殖方式产生种子进行繁殖，例如小麦、苦瓜等；生殖阶段不会产生明显的花的植物（称为"隐花植物"）一般通过孢子（脱离亲本后能直接发育成新个体的生殖细胞）进行繁殖，例如藻类、蕨类等。生活中，我们发现有些植物，如绿萝、马铃薯，直接种上叶子或块茎就能生长，这属于无性生殖。植物有性繁殖的过程中是如何产生种子的呢？种子的产生要依赖于被子植物特有的"双受精现象"。

在解释双受精现象之前，我们首先了解一下几个基本的相关概念：配子，指在有性生殖过程中相结合形成受精卵的生殖细胞；雌配子，指雌性生殖细胞，又称为"卵细胞"；雄配子，指雄性生殖细胞，又称为"精细胞"；卵细胞和精细胞都属于生殖细胞，通过减数分裂（分裂后的子细胞染色体数目比母细胞减半的分裂方式）产生，因此，与体细胞相比，卵细胞和精细胞的染色体倍性减半；被子植物，或称"开花植物"，具有真正的花（包括花萼、花冠、雄蕊群和雌蕊群），种类繁多，分布广泛，例如玉米、苹果等。

"双受精现象"为被子植物所特有，之所以说是"特有"，主要是为了区别于普通的受精现象——一个卵细胞与一个精细胞融合形成受精卵（或称"合子"）的过程。在被子植物中，成熟的花粉粒中有两个精细胞，其中一个精细胞与卵细胞融合形成受精卵，另一个精细胞则与中央细胞的两个核（称为"极核"）融合形成受精极核。由于有两个受精过程，所以被称为"双受精现象"。早在1898年，俄国植物学家纳瓦兴（Nawaschin）就在欧洲百合和贝母中发现了这种现象。不久

欧洲百合（*Lilium martagon*），1885年，手绘图谱

后法国科学家吉格纳特（Guignard）于1899年也独立地在欧洲百合和另一种百合中观察到了同样的现象。那么，为什么被子植物除了形成受精卵以外，还会形成受精极核这种特殊的细胞呢？精细胞与卵细胞是如何精确结合的呢？

开花植物的双受精过程通常可以分为配合前期和配合期两个阶段。我们知道，大部分花都同时具有雌性和雄性生殖器官，其中雄性器官（雄蕊）产生花粉，花粉中含有精细胞，这些花粉需要通过一定的途径到达另一朵花的雌性器官（雌蕊）以完成受精过程。在配合前期，雄蕊产生的花粉通过风、昆虫等媒介落到雌蕊的柱头上，这就好比有媒婆介绍花粉和雌配子认识。这里，风、昆虫是"媒婆"，花粉是"男方"，雌蕊的柱头就是"女方"的家门口。而"女方"也并不是什么人都接纳的，它们会有一套挑"女婿"的标准，这套标准就在柱头上。花粉落在柱头上不久，花粉外壁便会分泌特殊蛋白与柱头表层分泌的特殊蛋白相互作用，这种蛋白间的相互作用好比锁和钥匙之间的关系，二者是专一的相互作用。如果符合标准则"女方"的大门会打开，接纳"男方"进门加深认识。这时，"男方"（花粉）可从柱头表面吸收水分，在适宜的环境条件下花粉粒的内壁从萌发孔向外突起并继续伸长形成花粉管，花粉管会进入柱头并沿着柱头向下生长。人吃饭才有力气才能长高，那么花粉管是从哪里吸收营养来伸长的呢？花粉管的营养主要有两个来源：自身的——花粉自身的贮藏物；"女方"家的——柱头组织中的营养物质。花粉管不断伸长进入子房（雌蕊之下略为膨大的部分，种子在其中发育）内部，最终到达"女方"的"闺房"——胚囊（被子植物中一种高度特化的雌配子体，双受精发生的场所），在那里，花粉管前端破裂释放出两个精细胞。同时，在胚囊中，有一个卵细胞和一个中央细胞正在等候，其中一个精细胞"走向"卵细胞，另一个精细胞"走向"位于胚囊中央的中央细胞。中央细胞有两个极核。接着进入配合期，精细胞中的雄性染色质完全整合到卵核中，形成合子，合子随后进行细胞分裂形成胚——就好比是它们的"孩子"。另一个精细胞与中央细胞的两个极核融合后发育形成胚乳，胚乳富含营养，为胚的正常发育、种子的萌发和幼苗的生长提供充足的营养。

是什么指引着花粉管一直延伸到胚囊中最后与卵细胞相遇呢？花粉管穿过柱头后，一种将柱头、花柱及花粉管联系起来的特殊组织与花粉管一起朝着营养丰富的地方生长，直抵子房深处。植物的精细胞本身并不能移动，那它们是如何找到卵

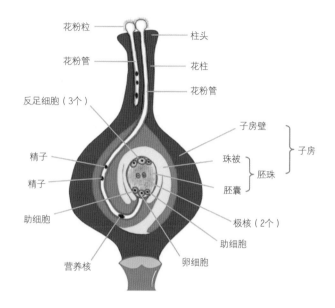

花粉粒 — 柱头

花粉管 — 花柱

— 花粉管

反足细胞（3个） —

子房壁 — }子房

精子 — 珠被 }胚珠

精子 — 胚囊

助细胞 —

极核（2个）

助细胞

营养核 — 卵细胞

植物双受精过程示意图，万苗苗

细胞和中央细胞的呢？助细胞在这个过程中功不可没。胚囊中还有两个细胞，称为"助细胞"，当花粉管深入子房时，赤霉素（植物激素的一种）含量上升并随之扩散到胚囊，引起其中助细胞的退化。接着，花粉管进入退化后的助细胞并释放出精细胞，助细胞则帮忙将精细胞分别转移到卵细胞与中央细胞的附近。

双受精作用在生物进化上具有非常重要的意义。精细胞与卵细胞的融合将父本（提供精细胞的个体）与母本（接受精细胞的个体）存在差异的遗传物质重新组合，形成具有遗传多样性的合子并发育成胚。此外，精细胞与中央细胞融合形成的三倍体胚乳（中央细胞含有两个极核，为二倍体，而精细胞是单倍体，所以它们融合后形成的是三倍体）同样结合了父、母本的遗传特性。所谓好事成双，经过双受精作用形成了胚和胚乳，在被子植物中，胚的营养物质大部分来自胚乳，胚乳的存在使被子植物在发育初期营养更加丰富，后代的遗传变异性更大，适应能力更强。

随风而去

　　你追逐过风中飞舞的蒲公英吗？你诧异于粘在裤腿上的苍耳吗？你听到过凤仙花种子炸开的声音吗？废旧房屋的屋顶不知何时已被绿色覆盖，路边坚硬的岩石缝隙中不知何时生出一株株小草。牛羊有脚，鸟儿有双翼，那么植物又是如何让种子实现"旅行"，找到属于自己的沃土，从而开始新的生命征程的呢？

　　记得小学学过一篇课文叫作《植物妈妈有办法》。是啊，植物是聪明的，在丰富多彩的生命世界里，每一种植物都进化出了属于自己的生命繁衍方式，世世代代，生生不息。栽培植物有人类帮助播种，将种子分散开来，但是野生植物就没那么好运了。野生植物将种子撒在一起，势必会造成养料和空间的不足，最后谁都不能健康生长。因此植物想尽办法将自己的种

药用蒲公英（*Taraxacum officinale*），1887年，手绘图谱，
穆勒（W. Müller）

子传播出去，这也正是植物的聪明之处。如果自己不能传播，就只能借助外力了。

　　风和水等自然力量是种子传播的天然媒介。借助风力传播的种子，一般都具有小而轻的特点。蒲公英是大家最熟悉的借助风力传播种子的植物。蒲公英"有一朵毛茸茸的小花"，成熟的时候好像自带降落伞一样，可以随风飘向远方。蒲公英（*Taraxacum mongolicum*）所属的菊科的果实（通常称作"瘦果"）大都没有果肉，果皮紧紧贴在种子上，这种轻盈的结构使其能够御风飞翔。"枝上柳绵吹又少"描绘的正是北方四五月杨絮柳絮漫天飞舞的场景，在这"春日雪"中轻轻拿起一片，你会发现那团绒毛中竟有黑色的种子。枫树的果实没有绒毛，却长了鸟一样的"翅膀"，可以自由滑翔。这对"翅膀"的角度刚好让果实在下落的过程中自由旋转，延长了在空中的时间，使果实可以被风带到更远的天地中去。无毛亦无翅的植物，可以通过形成无数分枝，组成一个圆球，随风翻滚，这样的植物也很多，如猪毛菜、丝石竹、菘兰等。还有些植物，种子轻如灰尘，例如有一种兰花，1克种子竟然多达50万粒，这类种子自然可以随风飘到很远的地方去。水是植物种子传播的另外一个重要媒介。水边常会生长出不属于本地的植物，这些植物多半是随水流过来的"移民者"。棋盘脚（*Barringtonia asiatica*）、莲叶桐（*Hernandia nymphaeifolia*）等植物就是靠水传播种子的。生长在海边的椰子是远行的能手。椰子果实大，外果皮不透水，中果皮由纤维状组织构成，密度很小，一旦落入水中，可以浮在水面，漂到很远的地方去。如果遇到适合萌发和生长的环境，甚至有可能最终形成一片椰树林。与之类似的是睡莲的种子，果皮中有气室，比重较水轻，种子外面被不沾水的蜡质包裹，可以长时间顺流而下。由于湖水浸泡，气囊中的空气慢慢变少，种子便会慢慢下沉，待种皮腐烂降解，新的生命就开始生根发芽。

　　动物和人是植物种子传播的推手。那些不够轻盈、不能形成羽翅状结构的种子，可形成针刺状结构，不但能够保护自己，也易于黏附在动物皮毛和人类的衣服上，达到"搭乘顺风车"的目的。苍耳（*Xanthium strumarium*）、鬼针草（*Bidens pilosa*）等植物的种子，表面生有刺毛，刺毛顶端有倒钩，可以牢牢将皮毛或衣物钩住，不易脱落。小时候在田野中玩耍时，就常常粘上这些东西，回家以后母亲一看就知道又出去疯玩了，"铁证如山"，连撒谎的机会都没有。此外，种子还可被动物吞食。动物中鸟类对植物种子的传播贡献最大。野葡萄、野山参等被鸟类吞食后，果肉消化，种子随粪便排出，散落在各处。除了鸟类，节肢动物中的昆虫以及啮齿动物中的老鼠等对种子的吞食及搬运也有利于种子的传播。啮齿类动物和无脊椎动物是种子搬运传播的主力军，例如，蚂蚁和小型无脊椎动物是野燕麦草和黑麦草等的种子的最主要的搬运工。松鼠储藏食物的方式对种子的传播起到了积极的作用。松鼠一般将采集的松子等果子藏在树洞里，这些种子总会有那么几颗掉下来，发育成植株。

求人不如求己，植物也"深谙其道"，于是决定"自力更生"。凤仙花种子成熟之后，果皮迅速卷成螺旋状，种子随之进出。与之类似，豆科植物通过将成熟种皮翻转或者卷曲的方式将种子进出。黄豆、绿豆以及白菜的荚果成熟后，温度稍高，便像上膛的枪一样，一触即发。这是由于豆科植物的果皮富含纤维素，且果皮细胞壁的厚度不同，湿果皮逐渐失去水分后，上面便出现了不均匀的张力，果皮因此随时可能在两片果瓣结合的腹缝线处突然张开，将种子弹射出去。酢浆草（*Oxalis corniculata*）也利用了类似的原理，其蒴果成熟后沿室背开裂，将种子抛射出去。不过这些种子的"射程"一般都在1米以内。最厉害的是中亚的一种瓜，其传播种子的方式堪称一绝。此瓜名曰喷瓜（*Ecballium elaterium*），果实与小黄瓜类似，当瓜内种子快成熟时，种子周围组织黏化，遇到外力时，会将种子和黏液一起弹出5—6米远。

由此看来，植物种子传播的方式主要有三种：利用风等自然力量进行传播，利用动物和人类的活动进行传播，以及通过自身产生的动力主动传播。然而，迄今我们对种子传播的具体过程了解不足，对种子传播后的命运知之甚少，这些都需要我们继续发现，继续探索。

梦醒时分

被子植物依靠种子传宗接代。种子是一个被层层保护的密闭空间，里面有胚胎，还藏有很多营养物质。在萌发前，种子里面的胚胎处于睡眠状态，遇到舒适的外界环境才会醒来，如果环境不合适，它可以一直沉睡几千甚至几万年。

1951年，日本科学家大贺一郎发现了距今2000多年的古莲种子，神奇的是，这颗种子竟然还能够发芽并开出了美丽的花朵。这种莲花后来被命名为"大贺古莲"。更有甚者，2012年，俄罗斯科学家成功复活了可追溯到近32 000年前的一种叫蝇子草（*Silene gallica*）的植物的种子，并用它种出了整株植物，还开出了白色的花朵。这是迄今报道复活的最古老的种子。为什么种子的生命力如此顽强，沉睡了这么久还能发芽呢？

种子的出现对植物是非常重要的。种子可以被风以及昆虫

莲（*Nelumbo nucifera*），1896—1897年，手绘图谱，博伊斯（D. G. J. M. Bois）

等动物（包括我们人类）带到地球的各个角落，然后在那里占据一方它们自己的地盘。种子并不是任何时候任何地方都能发芽，它们会先判断自己所处的环境，比如水分是否充足、温度是否适宜、能否接收到阳光，然后再决定是否发芽。如果发现自己所处的环境不适合发芽，那么种子就会选择先休眠，等待合适的时机。比如在热带雨林中，有些种子落到地面上，如果阳光都被高大的树木遮挡了，它就会一直休眠，直到光照条件适合了才发芽。

种子是如何判断应不应该萌发的呢？1953年，科学家们发现了一个非常有趣的现象：分别用红光和远红光照射莴苣的种子，用红光照射，种子会萌发；红光照射后紧接着用远红光照射，种子就不萌发了；红光、远红光照射后再用红光照射，种子又可以萌发了；在红光、远红光、红光依次照射后，再用远红光照射，种子又不萌发了。莴苣的种子似乎具有记忆力，可以记住最后接受的是什么光照，如果最后是远红光的话，种子便不萌发，而如果最后是红光的话，种子便萌发。上面提到的热带雨林里被高大树木遮挡住阳光的环境，周围光线较暗且远红光成分较高，落到这样的环境中的种子，就会被远红光抑制萌发。那么，种子又是怎么知道照射它的是红光还是远红光的呢？原来，植物体内藏有一些接收不同类型光信号的接收器（称为"光受体"，是一些特殊蛋白质），其中一类被称为"光敏色素"的光受体专门负责接收红光和远红光信号。种子正是靠这些光敏色素来判断所接受到的光照的类型。种子吸水时，红光的照射激活光敏色素，促使种子萌发，而远红光的照射则使光敏色素失去活性，从而抑制种子萌发。

种子在接收到外面的环境信号之后，会使用一些化学物质，来调节自身的萌发，科学家们将这种化学物质称为"植物激素"。有两种很重要的植物激素会参与种子萌发的过程，分别叫作"脱落酸"和"赤霉素"。在干燥的种子里，脱落酸的含量是很高的，它雇用了一些"助手"（一些蛋白质）帮助抑制种子的萌发。正是这种激素保证了种子在不适合萌发的条件下进行休眠。赤霉素的作用和脱落酸的恰好相反。在干燥的种子里，还有一类抑制种子萌发的蛋白质，在种子萌发时，赤霉素含量会增加，把这种蛋白质分解掉，解除它对种子萌发的抑制作用。因此，脱落酸是催促种子深睡入梦的"催眠师"，而赤霉素是唤醒睡眠种子的"醒梦人"。与这两种激素的功能相对应的是，一方面，与正常种子相比，不能合成脱落酸的突变体种子萌发地会更快；另一方面，内部赤霉素含量降低时种子就不能很好地萌发了。

　　控制种子萌发的因素看起来虽然非常复杂，但种子却能把它们很好地统一起来。种子萌发可以分成几个连续的步骤。首先是最外层的外种皮破裂，然后是紧挨着外种皮的叫作"胚乳"（其作用主要是为种子萌发和幼苗生长提供营养）的这一层吸胀膨大，最后才是胚的发育。为了弄清之前提到的那些调节机制都是在哪些部分发挥作用，科学家们设计了非常巧妙的实验：他们在种子萌发之前就把胚和种皮（包括外种皮和胚乳）分开，分别观察胚自身以及不同的胚和种皮组合之后的萌发情况。我们已经知道，用远红光照射会导致种子不萌发。但是这里发现，单独的胚用远红光照射却可以很好地萌发，而在胚的下面再放上种皮，中间用尼龙膜隔开，这时候再用远红光照射，胚又不能萌发了。这说明远红光抑制种子萌发，起主要作用的部分在种皮而不在胚本身。因为种皮没有直接与胚接触（两者被尼龙膜隔开），那一定是种皮中的光敏色素接收远红光信号后产生了一种物质，这种物质透过尼龙膜传到了胚并抑制了胚的萌发。后来证明这种物质就是我们之前提到的抑制种子萌发的"催眠师"脱落酸。

　　那光敏色素又是怎么通过调节脱落酸和赤霉素的含量来控

制种子萌发的呢？在这个过程中，有一种蛋白质起到了重要作用，它的主要功能是促进种子合成脱落酸，同时抑制种子合成赤霉素。干燥的种子里面这种蛋白质非常多，从而抑制了种子萌发，防止种子在不适合的条件下萌发后幼苗不能正常生长。但光敏色素收到红光信号后，就会将这种蛋白质快速分解掉，导致脱落酸合成减少、赤霉素合成增加，于是种子就可以萌发了。

　　正是这些多方面、多层次的控制作用，保证了植物的种子能在适合的时间和地点从睡梦中苏醒过来，萌发繁殖，从而建立了地球上丰富多彩的植物王国。

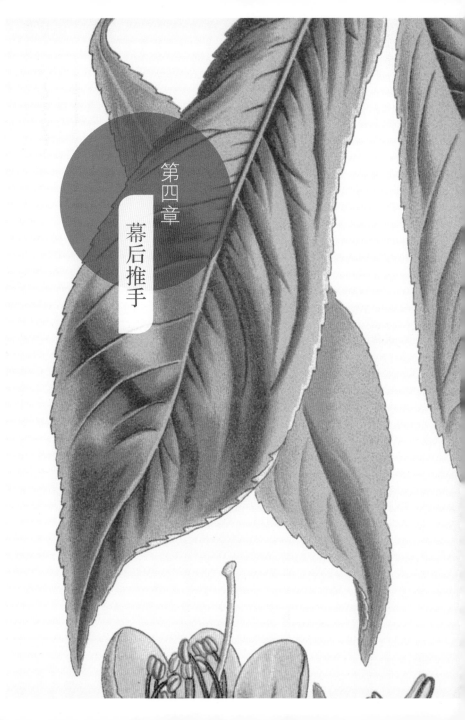

第四章

幕后推手

　　生物体的生命活动受细胞中遗传信息的指导，遗传信息储存在DNA（脱氧核糖核酸，由许多脱氧核苷酸按一定顺序连接而成）中。在生物的生长发育过程中，DNA被转录为RNA（核糖核酸），RNA再翻译成蛋白质。蛋白质由多种氨基酸组成，是组成生物体细胞和组织最重要的成分。生物体的性状（所观察到的特征）受基因控制，基因（遗传因子）是产生具有生物学功能的蛋白质或不编码蛋白质的RNA分子（称为非编码RNA）的一段核苷酸序列。在一些情况下，基因的核苷酸序列不发生改变，却可通过DNA甲基化等化学修饰导致基因表达和表型的差异（称为表观遗传）。这些遗传和表观遗传因子共同构成植物生长发育的"幕后推手"。

万变归一

在武侠小说中，武林各派各有所长，而在种子植物（能产生种子并以种子进行繁殖的植物）身上，每个器官也都有着自己的"江湖地位"，在植物的生长发育中发挥不同的功能。比如，叶可以进行光合作用合成有机物，根可以从外界环境中摄取水分及营养元素，而茎可以将植物体内的不同物质运输到各个部位。在外形上种子植物的器官各式各样，在不同的物种中更是演化出了千奇百怪的形态，但在它们的世界中同样有着武侠小说里面"天下武功出少林"的说法：一切的变化都源自于胚胎发育时期的特殊细胞群——顶端分生组织。

顶端分生组织实际上是对植物胚胎发育后期，在胚胎两端形成的两类细胞群的统称，就像南少林和北少林统称为少林一样。这两类细胞群分别叫作"根顶端分生组织"和"茎顶端

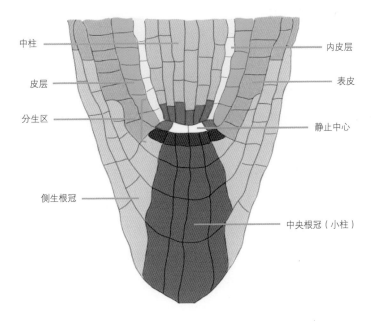

中柱

皮层

分生区

侧生根冠

内皮层

表皮

静止中心

中央根冠（小柱）

根尖结构示意图，万苗苗

分生组织"，整个植物体就是由它们发育而来。这些细胞群中都有一类聚成同心圆形状的原始细胞，原始细胞分裂后产生的细胞就像少林寺的弟子们一样，一部分会成为"俗家弟子"离开分生组织，将来继续分化成为特异的组织与器官，另一部分则成为"出家弟子"，继续留在分生组织维持原始细胞数目的稳定。

那么这些细胞是怎么知道自己将要成为什么样的细胞的呢？在根顶端分生组织中，细胞会随着根的发育不断对其所处的位置做出反应，并决定根细胞的最终命运。正如我们之前提到的，根顶端分生组织中的原始细胞可以分裂形成具有分化能力的细胞，继而分化为特异的组织。这些细胞最终形成什么组织和器官与它们所处的空间位置有很大关系，它们分布在什么样的空间位置就会形成那个位置应该有的组织器官，比如聚集在根尖区域的细胞就会分化成为根冠，而处于根表面特定位置的根表皮细胞就会分化为根毛细胞等。如果我们用激光将原有的根毛细胞切除，再将一个不是根毛细胞的表皮细胞移到原根毛细胞产生的位置，这个细胞将会逐步变为根毛细胞。

茎顶端分生组织与根顶端分生组织类似，所分裂的细胞也会对其所处的位置信号做出应答。茎顶端分生组织具有不同的细胞

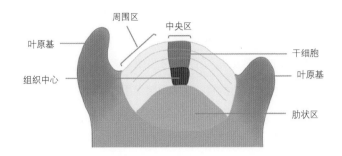

周围区　中央区

叶原基

组织中心

干细胞

叶原基

肋状区

茎尖顶端分生组织结构示意图，万苗苗

层，来自外层的细胞通常形成表皮，而内层细胞通常形成内部组织，可如果将外层细胞切除后将内层细胞填补到相同的位置，那么填补过来的细胞将会形成表皮而非内部组织。

相较于根来说，茎所具有的组织与器官都要更为复杂，如叶和花，而这些也被称为茎的附属物。在附属物产生之前，一些基因表达水平发生变化的分生组织细胞聚集到一个特定的位置上，形成所谓的"原基"（植物中将发育成特定组织或器官的细胞团），随后它们开始以不同的方式进行分裂和生长，最终形成花或者叶。原基一旦形成会对其他新原基的发生和生长产生抑制作用，但这种抑制作用会随着距离和原基年龄的增长而逐步衰减，从而决定新原基产生的位置。这种抑制作用的分子机制目前还不清楚，不过有一些实验证据表明，这种抑制作用会随生长素水平的提高而解除。

除了原基的产生外，茎顶端分生组织的另一个主要作用就是对侧生分生组织的抑制，这种抑制作用就是我们经常听到的"顶端优势"。顶端分生组织会产生信号（通常认为是生长素）传递给侧生分生组织，阻滞它的生长。

由此我们对顶端分生组织如何产生植物的不同组织器官有了一个基本的了解。顶端分生组织中细胞所在的空间位置不同，响应不同的环境信号（蛋白分子、植物激素、无机元素等），影响不同基因的表达水平，最终发育成不同器官。

之前我们也提到了顶端分生组织所具有的再生活力，这实际上是干细胞的一种特性。而干细胞研究的一个关键问题，就是如何维持分化细胞和干细胞之间数目的平衡。试想如果更多的细胞去进行特异性分化，那么分生组织细胞的数目将会不断减少，最终使得分生组织完全丧失。顶端分生组织又是如何维持它们自身的细胞数目和大小的稳定的呢？

依据细胞的分裂速度，可以将茎顶端分生组织分为外周区和中央区。刚刚我们提到的原基的产生都发生在细胞分裂迅速的外周区，而中央区的细胞分裂则十分缓慢，但中央区可以向外周区供应细胞，起到维持茎顶端分生组织整体细胞数目和大小的作用。这一过程是由两个基因协同调控的，其中一个基因维持中央区的细胞数目，与此同时它会激活另一个基因的表达，后者反过来又会抑制前者的活性。通过这种负反馈的调节，茎顶端分生组织的大小得以维持在一个稳定的水平。

根顶端分生组织的原始细胞包围着一群分裂缓慢的细胞，这个细胞群称为"静止中心"。目前普遍认为静止中心可以与周围的原始细胞进行信号交互，一方面静止中心可以防止原始细胞过早分化，另一方面在周围原始细胞受到损伤时，静止中心又能够进入到快速分裂的状态补充受损的原始细胞。这种信号交互的调控机制是什么呢？目前还没有找到答案，可能与茎顶端分生组织大小维持机制相似。

至此，我们从植物器官的发生和顶端分生组织大小的维持两方面，简单介绍了顶端分生组织在植物发育中的作用。我们不得不感慨生命的奇妙，千奇百怪的结构竟然都是从相似的起点演变而来，可谓"万变归一"。

花的ABC

"花谢花飞花满天，红消香断有谁怜？"《葬花吟》总会让我们的脑海中浮现出林黛玉在漫天的落英缤纷里，手持锄头把花葬的情景……

花，自古以来就被寄予了人的情感。而在现代，它更是成为人们日常生活、社交礼仪的一部分。逢年过节，人们会用鲜花装饰自己的家或是馈赠亲朋好友。此外，花还具有药用和食用价值，如可以清热解毒的金银花以及可用于制作鲜花饼的玫瑰花等。花，是美丽的象征，使人愉悦。

"桃之夭夭，灼灼其华。"如果你由外而内仔细观察一朵绽放的桃花，通常会发现它的最外面包裹着一圈绿色的外衣，称为"萼片"（又称为"花萼"）。它是"护花卫士"，保护着花蕾的内部。紧接着是颜色鲜艳夺目的花瓣，它能够"招蜂引

桃（*Amygdalus persica*），1885年，手绘图谱

蝶",吸引昆虫前来采集花粉。花瓣内部包裹着的则是花的生殖器官——雄蕊和雌蕊,雄蕊能够产生花粉,而雌蕊则能够接受花粉并孕育出种子和果实。

像桃树的花,因萼片、花瓣、雄蕊、雌蕊四个部分一应俱全的,称为"完全花"。有一些花只具有其中的一个或几个部分,则称为"不完全花",比如杨树、柳树的花就是仅有雌蕊或者仅有雄蕊。可能有的读者会问,为什么说"或者"呢?这是因为这些植物的一朵花中雄蕊和雌蕊并不会同时存在,只具有雌蕊的花称为"雌花",而只具有雄蕊的花则称为"雄花"。也因此,如果一朵花只具有单一性别,那么就称为"单性花";而如果一朵花中雌蕊和雄蕊同时存在,则称为"两性花"。正所谓"乱花渐欲迷人眼",同样是花,差别为什么这么大呢?又是什么赋予花如此神奇的外貌和结构呢?

这个问题同样困扰着歌德。众所周知,歌德是18—19世纪德国著名的思想家、作家,但他还有一个鲜为人知的身份——科学研究者。歌德酷爱自然,并对植物展开了系统的研究。他认为花的各个部分是叶子"形变"而成的。野生玫瑰,只有5片花瓣,而我们现在看到的多重花瓣的玫瑰都是经过园艺师培育改良的品种。但这种改良却是以牺牲花的生殖器官为代价，使其没有了结实能力，只能依靠扦插、嫁接等无性繁殖方式。虽然这种"畸形"的花为园艺师们所偏爱，但大多数植物学者认为它是大自然的"怪胎"，并不给予太多的关注。就连18世纪法国杰出的启蒙运动思想家（同时也是一个植物学家）卢梭，也警告年轻的女士要远离这些"丑八怪"。但歌德却认为它们能为解开"花是如何形成的"这个谜题提供重要线索。

事实证明，歌德的想法是对的，这种"畸形"的花是一种突变体。正是有了突变体，并且随着分子遗传学的发展，从20世纪八九十年代开始，花的发育机制这个谜题才慢慢被解开。1991年，英国植物学家恩里科·科恩（Enrico Coen）和美国植物学家埃利特·迈耶罗维茨（Elliot Meyerowitz），分别用两种外观大相径庭的植物突变体发现了花各部分发育的奥秘。他们认为，正常花的四轮结构由外到内依次应该是萼片、花瓣、雄蕊、雌蕊，它们的发育是由A、B、C三类基因单独或者共同作用控制的。具体又是怎么实现的呢？

我们可以把花看作是一个工厂，而这个工厂是由4个同心圆的车间组成，从外到内依次为1车间、2车间、3车间和4车间，分别生产萼片、花瓣、雄蕊和雌蕊。A、B、C就是车间里的"工人"，1车间由A单独负责，2车间由A和B共同负责，3车

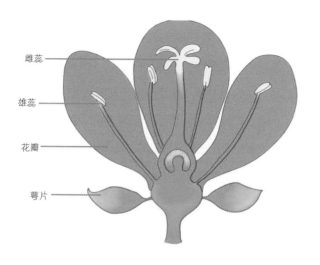

雌蕊

雄蕊

花瓣

萼片

1车间　　　2车间　　　3车间　　　4车间

萼片　　　花瓣　　　雄蕊　　　雌蕊

花发育的ABC模型，万苗苗

间由B和C负责，4车间由C单独负责。也就是说A负责生产萼片和花瓣，B负责生产花瓣和雄蕊，C负责生产雄蕊和雌蕊。A和B是好朋友，所以他们可以一起生产花瓣；B和C也是好朋友，它们可以一起生产雄蕊；但A和C却相互敌视，属于竞争关系。如果A缺席的话，那么1车间就会被C霸占用来生产雌蕊，2车间就由B和C共同负责生产雄蕊，如此一来，整个花工厂由外到内就变成了雌蕊、雄蕊、雄蕊、雌蕊；如果C缺席的话，同样它的工位就被A占据，那么3车间就由A和B共同负责生产花瓣，4车间则由A单独生产萼片，那么整个花工厂由外到内就变成了萼片、花瓣、花瓣、萼片；如果是B旷工，就相对简单，2车间由A单独负责，3车间由C单独负责，这样花工厂由外到内就变成了萼片、萼片、雌蕊、雌蕊。那如果A、B、C三者同时罢工会出现什么情况呢？那么这个车间就再也生产不出美丽的花朵，只能出产叶子了。这就是花发育的经典ABC模型。

"有情芍药含春泪，无力蔷薇卧晓枝。"花，拥有千姿百态的美丽外表，吸引着人们对其一探究竟，它们就像一个个百宝箱等待着人们去开启。而经典ABC模型只是我们开启一部分宝箱的钥匙，并不是万能钥匙。像郁金香这样的花朵，它并没有萼片，从外到内的四轮结构为花瓣、花瓣、雄蕊、雌蕊。按照上面提到的ABC模型，1车间生产出了花瓣，而花瓣应该是A和B共同负责生产，但这样一来，B就"越俎代庖"到1车间去工作了。为了解释这类现象，范·杜能（van Tunen）等人又提出了修正的ABC模型，认为B可以在1、2、3车间工作。

随着科学的发展和技术的进步，又有一些新的钥匙（模型）被制造出来，与之相对应的宝箱也逐渐被开启。大千世界，繁花似锦，仍有一些花的发育机制还不能用现有的模型很好地诠释，但随着科技的日新月异，假以时日，我们相信这些未知的奥秘终究会被解开。

护花使者

　　唐代著名诗人白居易写"乱花渐欲迷人眼，浅草才能没马蹄"，描绘的是春天花开满园，草长莺飞的景致。正所谓"女大十八变"，同样，植物到了相应的时间点也会发生关键的变化。绿油油的小苗长大了，要开花结果，也就是要由营养生长转变为生殖生长，于是就有了我们通常看到的春暖花开。但是这花不能开得太早了，太早的话营养准备不足，花开得不够绚丽，吸引不到昆虫来授粉；太晚了，比如一些秋天开的花儿，留给它的种子成熟的时间就会大大缩短，下一代就没有了保障。这时间的把握，可得非常精准。那你可知道，植物是如何完成美丽蜕变的？谁又是真正的"护花使者"？

　　我们常说，自古美女配英雄，绿叶配红花。作为"护花使者"的绿叶是如何控制开花的呢？对这个现象的研究可追溯到

1865年，有一个植物学家叫尤利乌斯·萨克斯（Julius Sachs），他最先关注开花现象。萨克斯想到，既然万物生长靠太阳，那么光是否会影响植物的开花呢？他看到自家小院里的紫花牵牛，脑中灵光一闪。他选择三棵未开花的紫花牵牛，对第一棵紫花牵牛的叶片进行遮光使其处于黑暗中，而将花芽暴露在阳光中；对第二棵紫花牵牛的花芽进行遮光使其处于黑暗中，而将所有叶片暴露在阳光中；使第三棵紫花牵牛部分叶片接触阳光，而对其他部分进行遮光使其处于黑暗中。神奇的事情发生了：只要有叶片接受光照，黑暗中的花芽就能开花。于是他猜测，可能是叶片在接受光照以后产生了某种物质传递到花芽促进开花。这是人类首次探索植物开花机理，同时也提供了第一个线索：开花需要叶片接受光照。

但是人们并不满足于这个简单的解释，随着探索的深入，第二个线索浮出水面。20世纪初期，科学家们发现了"光周期现象"。比如美洲烟草，在夏季日照时间比较长的时候，株高5米都不开花；而奇怪的是同样的烟草在冬季日照时间短的时候，株高不到1米就开花了。美洲烟草因此被称为"短日照植物"，与之相对的是"长日照植物"。这个现象给了苏联科学家柴拉轩（Chailakhan）极大的启发。于是，他设计了著名的"苍耳嫁接实

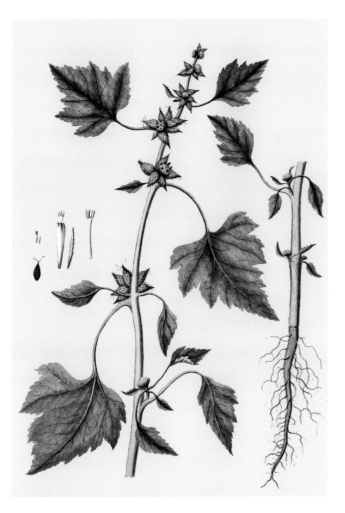

苍耳（*Xanthium strumarium*），1763—1883年，手绘图谱

验"。苍耳（*Xanthium strumarium*）是短日照植物。他通过嫁接的方式将好几棵苍耳串联起来，发现只要对任意一株苍耳的叶片进行短日照处理，其他几株即使都在长日照条件下生长，也照样能够开花。这说明肯定有某种物质在植株间传递，促进了开花。为此他还专门创造了一个词——成花素（florigen），来指称这类物质。可见，第二个线索就是开花需要叶片接受特定时长的光照。

不过，成花素是如何从叶片跑到花芽中去的呢？植物体内遍布着由管道结构组成的输导组织，它们是植物体内名副其实的"高速公路"，类似于动物体内的血管网络，负责运输水分和养料等。研究表明，成花素可以经过这些管道系统押送着"粮草"——营养物质，比如糖类，一起到达花芽。于是就有了第三个线索：成花素在形成后经植物体内的输导组织运送至花芽。

后来，科学家们进行了很多的嫁接实验，不断地证明这种"护花使者"在好多物种中都存在，甚至能在不同种的植物间传递。第四个线索就是：各种各样不同的开花植物普遍使用着相同或相似结构的成花素。

将这四个线索总结归纳了一下，一个成花素假说得以成形：光照时间的变化刺激叶片产生成花素，成花素在植物体内沿着输导组织到达花芽并诱导开花，并且这种成花素在开花植物中基本都存在且结构非常相似。不过，"千呼万唤始出来，犹抱琵琶半遮面"，还是不知道护花使者的真身。

实际上有好多科学家对这个问题苦苦追寻，也做了各种各样的尝试去提取纯化这种物质，但总是以失败告终。随着分子生物学的兴起，一系列与开花相关的基因被鉴定出来，使得这一悬而未决的问题出现了转机。终于，关键性突破发生在了2005—2007年。科学家发现，一种被称为FT的蛋白质可能就是"护花使者"。这其中的故事也是一波三折。

2005年，一些科学家发现编码FT蛋白的mRNA可以作为成花素，从叶片转移到花芽并诱导开花，该发现还被评选为当年的十大科技突破之一。但现实是残酷的，这一结果无法被其他科学家重复出来。然而，这还是给了大家一个很大的启发，感觉上已经与成花素的本质离得很近了。既然mRNA不行，就试试蛋白质吧。这一试不得了，护花使者的面纱就此被揭开了：果然是FT蛋白。随后，全世界科学家们齐心协力，在很多物种中都验证了这一结果。到此，终于尘埃落定。这个迷惑了世人长达一个半世纪的难题最终水落石出：FT蛋白就是"护花使者"，它在叶片中产生，经由输导组织运输到花芽，直接诱导开花！

百花齐放

"百花齐放"常用来形容春夏百花盛开的景象，也比喻风格各异的艺术和科学的自由发展。利用科学原理和技术手段，百花盛开不再是春夏才能欣赏到的美景，在"五一"节、"十一"节和各类庆典上，我们也可一睹花朵争相绽放的盛景。

要知道如何能够让百花在同一时刻被唤醒——开花，首先要了解植物的语言——植物调控开花时间的机制。从生物进化论我们知道，生物在生命周期中最重要的两个使命是生长和繁殖，而开花是植物从营养生长（开花植物的营养器官根、茎、叶等的生长）转变为生殖生长（植物生殖器官花、果实、种子等的生长）的关键过渡时期，其重要性不言而喻。经过长期的进化历程，植物开花的调控机制是利于它的生长和繁殖的，也就是说，植物会选择最适宜的时间开花。对于植物而言，是否适合开花主要取决于外界环境和自身生长状态两个因素。

在没有人为干预的情况下，植物往往在特定的季节开花：初春的迎春花、盛夏的荷花、寒冬的蜡梅，一年四季植物们轮番登场带给我们丰富的视觉体验。地球围绕太阳公转的轨道所在平面与地球赤道平面之间存在一定的夹角（黄赤交角），因此在地球公转一周（一年）的过程中便形成了昼夜相对长短不同的四季。植物在生长发育上对这种昼夜长短的周期性变化做出的反应，称为"光周期现象"。植物是如何感知昼夜长短的变化的呢？植物体内存在能够感受光信号的光受体（一种蛋白质），包括光敏色素（感受红光和远红光）和隐花色素（感受蓝光和紫外光），两种光受体在不同波长的光照下可以发生结构转换，引发包括调控开花等多种不同的生理反应。

植物感受到昼夜长短的变化，还要转化为是否开花的决策，这就需要植物体内的"昼夜节律钟"。昼夜节律钟不是传统意义上的钟，而是一系列相互作用的因子，最终调控与开花直接相关的成花基因的表达，适时启动花各个结构的发育，使得花朵绽放。这是涉及许多因子和生化反应的复杂过程，不同植物中的具体过程有所不同。昼夜相对长短的变化对一些植物的开花有重要的调控作用。根据对昼夜长短变化响应的不同，

迎春花（*Jasminum nudiflorum*），1848年，手绘图谱

可将植物分为短日照植物和长日照植物。短日照植物指日照时长小于某一临界值时才能开花的植物，它们往往在早春或深秋开花，菊花、水稻等属于此类。与此相对，长日照植物则是当光照时长大于某一临界值才能开花的植物，天仙子、冬小麦等属于此类。两种植物在不同的昼夜相对长短时表达成花基因，使得植物开花。

除了光照，环境温度的变化也是调控植物开花的重要因子。一些越冬植物经历的低温可以促进来年开花，这称为"春化作用"。低温可以同时降低对开花起抑制作用的基因的表达、增强对开花起促进作用的基因的表达，从而促进植物开花。

许多植物激素均可调控植物开花，例如赤霉素（gibberellin）。正常情况下调控开花的是植物自身合成的赤霉素。赤霉素的合成也需要相关基因的表达，通过调控基因表达，便能够控制开花的时间。外源（人为施加）的赤霉素可以使多种观赏植物开花提前。相似地，其他植物激素也可促进或抑制植物开花。而有些激素对不同植物的作用可能是相反的。

以上介绍的仅仅是光周期、昼夜节律钟、温度和植物激素四个对开花调控较为普遍和基础的机制。事实上，植物开花时间的调控过程是非常复杂的，新的研究成果层出不穷，让我们不得不叹服植物"大脑"的聪慧与精妙。

利用植物开花的四种基本调节机制，便可以让植物在我们需要的时间（比如节日庆典或是采收时节）开花，这称为"花期调控技术"。不同植物的开花机制存在差异，在实行花期调控时要选择不同的方法。常用的方法包括光处理和生长调节剂处理，分别对应了自然条件下植物开花的光周期现象和赤霉素调节机制，是人类对自然的效仿。除了这两种技术手段，温度处理和栽培技术也可以有效调节花期。下面我们来逐一了解。

在花期调控中，如需使短日照植物在长日照时节开放，可在植物生长后期给予黑暗处理。对长日照植物，人为给予较长的光照即可使之在短日照时节开放。

在植物自身的赤霉素不足以启动开花过程时，人为施加赤霉素作为生长调节剂，即可促进花芽分化。其他激素及其类似物，如乙烯、萘乙酸等，也可用来控制花期。

温度处理也可以调控植物开花，但这和自然条件下的春化作用有所不同。春化作用仅针对越冬植物，且须在种子时期进行，不适用于在植物生长后期进行较精准的调节。花期调控技术中的温度处理是通过调节植物的生长状态调节开花。温度降低会减慢植物的生长进程，抑制植物花结构的发育。于是通过升温或降温，即可促进或抑制开花。

最后，栽培技术是人类从长期经验中获得的调控植物花期的重要手段，须注意区别于前三种方法。机械手段是栽培技术的一种，例如在特定时点摘去花蕾、枝叶，或进行环剥（将树根处的树皮剥去一圈）、切根（切断根须）等，调控植物的生长发育和开花时间。另外，植物生长的营养条件也是花期的影响因素，控制水分和肥料的提供可以起到调控花期的作用。一般在栽培中总体遵循适度原则，少量多次施加为宜。

在不同类型花卉的栽培中，综合运用不同的花期调控技术，可以达到较为理想的花期调控效果。根据花期的不同，可将花卉分为一年生花卉、两年生花卉和多年生花卉等，它们分别适用不同的花期控制技术。

运用植物自然的调节机制，辅以人类特有的调节手段，花期调控技术既方便了生产，也为我们创造了百花齐放的景象，为节日平添盛景。

男女有别

"梨花院落溶溶月，柳絮池塘淡淡风。"飘落的柳絮能够营造出一种唯美的意境。然而每年的四月份，北方各地漫天飞舞的柳絮则给人们的出行等造成了很大的困扰。那么柳絮到底是什么东西呢？它其实是果实的变态果皮，其中包裹着柳树的种子。被柳絮包裹的种子如同插上了翅膀，借助风力可以飘散到远处，从而使得自身物种得以"开枝散叶"。同动物类似，柳树也有雌雄之分，正常情况下，能够结出种子、散播柳絮的只有雌株。

在漫长的进化历程中，植物逐渐分化出特异的雌性器官和雄性器官，即出现了性别分化。在被子植物中，由雄蕊和雌蕊分别产生精细胞（雄性生殖细胞）和卵细胞（雌性生殖细胞）。植物的性别与动物相比存在显著的差别。首先是被子植物的性

柳（*Salix acuminata*），1872年，手绘图谱

别分化呈现出多样性。大多数被子植物具有两性花，即每一株植物体上开出的花朵同时具有雄蕊和雌蕊，例如分子生物学中的明星植物拟南芥以及粮食作物水稻等。另有一部分植物则是单性花，其中在单个个体上同时开放雄花和雌花的称为"雌雄同株异花"，例如黄瓜和玉米；而在单个个体上只开放雄花或者雌花的称为"雌雄异株异花"，例如柳树和银杏，其中仅开雄花的植株称为"雄株"，仅开雌花的植株称为"雌株"。其次，植物的性别分化具有较强的可塑性。动物的性别在卵细胞受精后就已经确定下来了，是不可逆的。植物的性别则会随着环境（如光照、温度等）的改变而发生转变。最后，大多数雌雄异株植物的营养器官没有与性别相关的形态特征。这就使得人们在种植柳树时无法从形态上分辨雌雄株，从而导致如今的漫天柳絮。

植物性别分化的机制是怎样的呢？科学家在观察单性花的形态结构时发现，很多植物在分化出花器官的初始阶段其实是同时具有形成雄蕊和雌蕊的原始细胞团（称为"原基"）的。但是随着发育的进行，其中一个原基会停止发育，而另一个原基会继续发育直至成熟，形成相应的性器官。可见在发育过程中植物会有选择性地让某类性器官发育，同时停止另一类性器官的发育。此外，性器官的发育停滞时期在不同植物中差异很大，有些植物的性器官在雌、雄原基分化的最早期即停止进一步发育；有的则很晚，要一直到精、卵细胞的形成时期才停止发育。

在长期的研究中，科学家发现激素在植物性别分化中具有重要作用。比如对于黄瓜这种雌雄同株异花的植物，人为施加赤霉素可以促使黄瓜开出更多的雄花；而用乙烯处理的黄瓜则能开出更多的雌花。随着分子生物学技术的发展，科学家得以结合遗传学手段，从黄瓜中克隆得到了跟性别分化相关的一系列基因。其中一个很重要的基因编码乙烯生物合成中的一种关键酶，起抑制雄蕊发育的作用。如果让这个基因在黄瓜中不工作，黄瓜就会开出同时具有雌蕊和雄蕊的两性花。而在雄花中，这个基因的表达受到另外一个蛋白的抑制，从而解除了该基因对雄蕊发育的抑制，促进了雄花的形成。

在被子植物中，雌雄异株的植物比例很低。能够稳定保有雌株及雄株个体的物种，性别分化一般是受到性染色体的控制。而性染色体之所以能够控制植物性别，本质还在于染色体上有决定性别的关键基因。在20世纪初，科学家在观察雌雄异株植物剪秋罗（*Lychnis fulgens*）的染色体形态时，发现了两条个头明显偏大的染色体。有意思的是，雌株中的这两条染色体在形态上没有明显的差异；而在雄株中，这两条染色体在大小及形态上均存在显著差异。科学家推测，这两条染色体即为性染色体，其中拥有两条形态相似的性染色体（表示为XX）的植株为雌株，而拥有两条形态各异的性染色体（表示为XY）的植株为雄株。之后，科学家以女娄菜（*Silene aprica*）为研究对象，利用自交及人工授粉等手段得到了含有不同性染色体组成的后代，发现雄株后代都含有Y染色体；另外，他们在实验中很幸运地获得了一些Y染色体不同区域丢失了的植株。这些含有不完整Y染色体的植株有些开出了雌花，有些开出了两性花。科学家根据这些有趣的现象，最终发现Y染色体上存在着不同的功能区，分别起抑制雌性分化、启动雄性分化和促进雄性发育的作用。2014年，有科学家以雌雄异株的君迁子（*Diospyros lotus*）为材料，成功克隆出了位于性染色体上决定性别分化的相关基因，它能够抑制控制雌性分化的基因的表达，从而抑制分化出雌性。

植物除了有XY型性别决定系统外，还存在ZW等多种性别决定系统。ZW型的性别决定方式与XY型相反，性染色体组成为ZZ的为雄株，性染色体组成为ZW的为雌株。可见，植物的性别分化机制具有多样性。

　　研究植物的性别分化具有重要的现实意义，比如治理文章开头提到的柳絮问题。柳树属于速生木种，其环境适应能力强、生长速度快，因而在北方各地都进行了广泛种植。由于雌雄株在茎叶等营养器官上没有明显的形态差别，人们无从判断柳树的雌雄。等到雌柳壮大，抽出花序，欢快地在神州大地播撒种子时，人们也只能望"絮"兴叹了。而性别分化研究有助于找到某些标记物，它们只在特定性别的柳树中存在，这样人们就能够以此标记物为依据在柳树还是小苗的时候鉴定出性别，从而保证种下去的柳树都是雄株，这样就可以避免日后的"柳絮纷纷，何其扰扰"了。

"淘气"基因

　　经典的孟德尔豌豆杂交实验告诉我们遗传因子（基因）可以控制性状，著名的摩尔根白眼果蝇实验告诉我们基因在染色体上呈线性排布。传统的理论给予我们传统的认知，似乎基因就扎根在染色体上，染色体似乎就是基因永远的家，然而大千世界丰富多彩，看似牢不可破的金科玉律总有例外。事实上，各种各样的基因，有"恋家"的，也有"淘气"的。"恋家"的基因老老实实一动不动待在染色体上，随着染色体的复制而复制，只能通过染色体片段的交换和重新组合改变自己的相对位置；"淘气"的基因却不满足于固定在染色体上，它们没有固定的位置，跳动是它们的使命。

　　第一个预言了基因是可以跳动的人是著名女遗传学家芭芭拉·麦克林托克（Barbara McClintock）。1930年，她开始在康奈尔大学进行玉米遗传学研究，1941年6月，芭芭拉选择在冷泉港实验室展开她的研究。她开始研究的时候正是遗传学蓬勃发展的时期。以果蝇为模式动物的摩尔根和以玉米为模式植物的埃默森是当时遗传学研究的两个先锋代表。当时有人注意到玉米籽粒中出现星星点点的斑点现象，埃默森猜想是基因的不稳定性造成的，但是芭芭拉却从另一个角度研究玉米的斑点问题。由于当时分子生物学还没有兴起，而她最擅长玉米染色体遗传变异方面的研究，故她希望从染色体的行为的角度，尤其是染色体的断裂的角度，来研究玉米的斑点是如何形成的。

她专门研究表型不能够稳定遗传的玉米，记录玉米籽粒和叶片颜色的变化，并将这种变化与染色体的行为（断裂或重组）联系起来。她的研究以控制玉米籽粒颜色的基因为中心。在我们的传统认知中，玉米籽粒的颜色是由一些基因控制的，理论上只要籽粒的基因型一致，它的颜色应该也是一致的。那么为什么本该颜色均匀的玉米籽粒会出现杂色斑点呢？芭芭拉经过染色体分离及形态观察得出结论，原来是玉米染色体上有一个被称为*Ds*的基因（也叫作"转座基因"或"转座子"，指染色体上可移动的遗传因子）不是稳稳当当地固定在染色体上，在细胞分裂的过程中，*Ds*基因是可以随机跳动的，当*Ds*基因跳跃并插入到某个控制颜色出现的基因中的时候，这个控制颜色的基因就被破坏了，不再产生相应的色素，就可能造成本该有色的籽粒呈现无色的现象。而当Ds基因离开这个颜色控制基因，跳到别的地方去的时候，这个被破坏的颜色控制基因又恢复了产生色素的功能，籽粒就又变回了本该有的颜色。然而Ds基因的跳跃毫无规律可言，因此跳跃造成的颜色影响也是随机的。简而言之，本该颜色均匀的玉米籽粒之所以出现了杂色斑点，是因为玉米籽粒中控制颜色表达的基因受到了跳跃基因Ds转座子的不同程度的干扰。

这只是芭芭拉最初的实验设想，因为她只注意到Ds能够引起染色体断裂，却没有注意到Ds在什么条件下能够使染色体断裂。经过越来越多的后续实验，她发现了激活Ds的新基因——Ac（也是一个转座子）。只有在Ac存在的时候Ds才能够发挥跳跃基因的作用。经过6年时间，芭芭拉在1950年提出了Ac-Ds转座子理论，解释了在孟德尔遗传规律合理存在的条件下玉米籽粒有不规则杂色斑点出现的原因。

按照她的理论，我们可以形象地认为Ac是一个操心的妈妈，Ds是个淘气的孩子，孩子Ds十分爱串门，它的邻居们都是各种重要的基因，Ds总是跑到邻居家里去扰乱秩序，而且越是

玉米（*Zea mays*）杂色籽粒，1783—1861年，手绘图谱

妈妈Ac在的时候Ds越是淘气。当Ac在的时候，Ds时而进入邻居家，闹得鸡犬不宁，时而又跳出邻居家，邻居家这才恢复原有的平静。有一天妈妈Ac去世了，Ds发现没有了妈妈它不再有权利淘气了，便不再跳跃了。这对它刚刚离开的邻居家来说是好事，因为混世魔王走了，终于可以安心生活了，但是对于它刚刚进入的邻居家来说却是倒了大霉，所谓"请神容易送神难"。失去了Ac的Ds不再爱运动，将一直影响着这家邻居，使之永远失去了原有的正常生活。

然而后续的实验还证实，原来作为Ac的妈妈其实也喜欢跳跃，只不过Ac是妈妈，Ds是孩子，成年人Ac可以自主跳跃，但孩子Ds却要受妈妈的限制被动跳跃。也就是说，在玉米的$Ac-Ds$系统中，Ac是个自主型转座子，Ds是个非自主型转座子，Ac指挥Ds发挥转座功能，影响其他基因的表达。

现如今看着十分简洁明了的$Ac-Ds$转座子理论（跳动基因理论），在当时芭芭拉·麦克林托克所处的时代可以说是离经叛道的。当时没有DNA的概念，更没有分子生物学证据，芭芭拉的世纪预言最开始在业界被看作是天方夜谭。然而"大浪淘沙始得金"，真理的光辉因岁月的流逝而越发耀眼，从最初芭芭拉提出转座子理论无人问津，到随后分子生物学蓬勃发展，在越来越多的物种中发现了基因跳跃的现象，芭芭拉的转座子理论终于得到了学术界的承认，她本人也因此于1983年获得了诺贝尔奖。从发现到最终的认可，其间近40年芭芭拉的转座子理论无人理解，但是她却能够坚持在崎岖的科学道路上踽踽独行。转座子理论是对传统的孟德尔定律的一个重要补充，这一理论被接受更是对一位科学家的研究成果最大的认可和褒奖。

第五元素

　　成语"沉默是金"是说人在某些时刻或阶段沉默静守、冷静思考更有益于成功，类似地，生物在生长发育过程中亦是如此。在植物生长发育的过程中，有的基因会在某些时刻选择沉默（即不表达），而在其他时候则活跃，从而保证植物健康地成长。基因能如此张弛有度，"第五元素"功不可没。

　　基因是有遗传效应的脱氧核糖核酸（DNA）片段。DNA由腺嘌呤（英文首字母A）、鸟嘌呤（英文首字母G）、胞嘧啶（英文首字母C）和胸腺嘧啶（英文首字母T）四种脱氧核苷酸（又称为"碱基"）通过碱基互补的方式按一定的顺序排列而成，具有双螺旋结构，像根螺旋状的绳子。但是DNA作为遗传物质，并不只传递四个碱基的序列信息，它还有另一个法宝：第五元素。第五元素的发现早于对DNA双螺旋结构的解

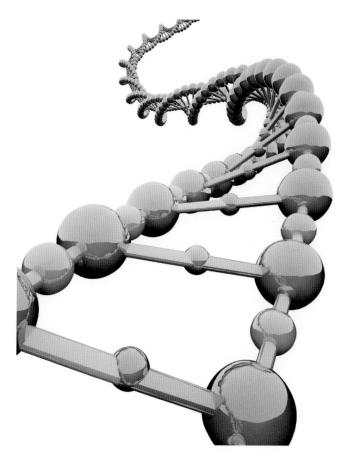

DNA双螺旋示意图

析。1925年，约翰逊（Johnson）和科格希尔（Coghill）发现了带有甲基（由一个碳原子与三个氢原子相连接组成）的胞嘧啶的存在。1950年，怀亚特（Wyatt）在小麦中也发现了这种特殊的碱基。在随后的研究中，人们发现甲基化胞嘧啶广泛存在于高等植物中，这就是除去A、T、C、G四种碱基之外的第五元素，通常起抑制基因表达的作用。准确地说，第五元素指的是发生在DNA胞嘧啶上的这种甲基化修饰，是在DNA合成后，一些"工匠"（能够将甲基从一种化学物质转移到另一种化学物质上的酶）将"沉默标签"甲基贴到了DNA的咆嘧啶C上，才出现了甲基化修饰的DNA。"沉默标签"甲基偶尔也会被贴到腺嘌呤A上。

第五元素有多重要呢？在植物个体的遗传和发育过程中，遗传信息DNA序列（碱基的组成和排列顺序）是不变的，但是，细胞内表达的基因的数量和表达水平都是动态变化的，而且不同的器官和组织所表达的基因种类和表达水平也是不同的。如果把细胞比作我们的人类社会，不同的基因有不同的职责，在社会发展的不同阶段有不同的需要，某些基因的沉默能节省能量和避免某些功能过度发展，最终保证社会的和谐进步。而第五元素就是这个过程的禁令牌——令行禁止，第五元素群聚之处，基因皆沉默。

　　比如，在被子植物的胚乳（植物种子中储存养分的组成部分）发育中，第五元素就扮演着重要的角色。种子的最基本结构包括种皮、胚和胚乳三部分，种子的发育则包括同时发生的胚的发育和胚乳的发育。胚和胚乳从"父母"那里继承的DNA序列是相同的，但是表达的基因却有很大不同。有些基因只在胚乳和种皮中表达，而不在胚中表达。寻本溯源，科学家发现，这些基因在胚乳中的DNA甲基化水平要远远低于在胚中的水平。仔细研究发现，在胚乳中，这些基因来自"母亲"的那部分，其DNA甲基化水平降低，基因得以表达，而来自"父亲"的那部分，具有较高水平的DNA甲基化，继续保持沉默状态。而胚中来自"父母"双方的基因则均处于沉默状态。胚胎发育成熟后，进入由种子萌发开始的胚后发育，在此过程中，尤其是在营养器官中，这些基因一直保持沉默。由于胚乳会随着植物发育逐渐消失，不能传递到下一代，因此，这些在胚乳中被激活的基因不会再一次陷入沉默。这样，就只需要在胚乳中保持这些基因的表达，而在不需要这些基因表达的胚和由它发育成的器官中，基因的活性则一直被第五元素控制，保持沉默，以保证植物的正常发育。

第五元素在植物的发育中有如此重要的作用，那么它是怎么形成的，也就是说，"沉默标签"甲基是怎样贴到DNA上的呢？在植物中，形成新的DNA甲基化需要很多生物分子的协同。首先要提到的就是众多的小RNA，这些小RNA犹如一个个小精灵，它们搭乘特定的蛋白质"客船"在细胞中游动，到达目标区域后，将甲基转移酶吸引过来，给DNA贴上沉默标签。一些附着在DNA上的RNA合成酶是这些小精灵的制造者，它们在其他蛋白质的帮助下产生出双链RNA分子。这些双链RNA分子后来被另外一些蛋白质"剪刀"剪切成为24个碱基长度的小RNA。总之，给DNA打上沉默标签的整个过程非常复杂，而沉默标签的多少也会直接影响基因的沉默程度。不难看出，众多生物分子协同作用才是保证第五元素顺利到位的关键所在。

正是因为上述DNA甲基化方式的存在，植物体内的任何DNA均具有沉默的潜能，当有外源的DNA入侵时，植物可以利用这个机制抵御外敌使其沉默。对于一些病毒来讲，这是植物对付它们的绝密武器，通过这种DNA甲基化方式，植物可将病毒的基因沉默，阻止其继续表达。不仅如此，在外界环境变化，如温度降低、光照改变、水量减少时，第五元素也会适时地出现或消失，调整基因的表达以适应外界环境变化。

　　除了从无到有地新产生之外，第五元素还可以像A、T、C、G四种碱基一样在DNA复制过程中被复制保留下来，这说明它是不可或缺的遗传信息。作为基因表达的开关，通过适时适量地沉默特定的基因，第五元素在植物的生长发育、抵御外敌以及适应环境变化等方面发挥着至关重要的作用。

秘密宝藏

生物体细胞内的遗传信息以基因组DNA（脱氧核糖核酸）的形式存储，其中包含很多具有遗传效应、称为"基因"的特定DNA序列。这些DNA序列在植物一定的发育和生长环境条件下被用作模板合成RNA（核糖核酸），这个过程被称为"转录"。很多RNA再被用作模板合成由氨基酸组成的蛋白质（称为"翻译"），发挥各种生物学功能。这种RNA被称为"信使RNA"，因其可编码组成蛋白质的各种氨基酸，而成为遗传信息从DNA流向蛋白质的信使。在破译生命遗传密码的初期，基因组中蛋白编码基因以外的DNA区段被称为"垃圾DNA"。这些"垃圾DNA"中很多也可以转录为RNA，但这些RNA往往不具备编码蛋白质的特征而被称为"非编码RNA"。大部分非编码RNA因功能不明确而为人们所忽视，曾被称为"垃圾

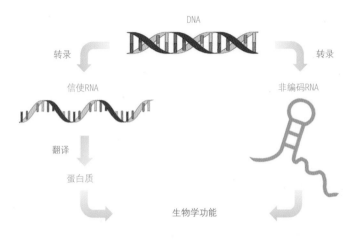

生物体中遗传信息的传递示意图

RNA"。随着人类基因组计划的实施，越来越多物种的基因组
序列为人们所破译。而最初令科学家们大跌眼镜的一个现象
是，信使RNA对应的基因区域在高等生物基因组中仅占很小
的比例，这提示了非编码基因区域可能蕴藏着实现物种多样性
的关键因素。随着测序技术的发展、计算机预测能力的增强及
实验手段的改进，越来越多的非编码RNA为人们所发现，这
些隐藏在生物体内的"秘密宝藏"日益受到瞩目。种子植物有
着循环往复、生生不息的生活史，从种子再到种子，看似简
单，实则蕴藏着复杂而精细的调控网络，而非编码RNA则在

其中扮演着不可或缺的调节者的角色。

　　植物种子萌发后最主要的事情是安全顺利地破土而出，重见天日，沐浴阳光，完成从芽到小苗的形态转变过程，即所谓幼苗的"光形态建成"。研究发现，这需要非编码RNA的参与。太阳光是复合光质，赤橙黄绿青蓝紫才是白光的真面目。科学家通过观测不同单色光条件下幼苗的形态，结合突变体（遗传信息发生了突变的个体）的筛选，发现了参与光形态建成的不同类别的调控基因。然而，研究人员发现，有一种非编码RNA犹如那万花丛中的一朵奇葩，直接以RNA的形式促进了幼苗的光形态建成。最初，研究人员通过高通量测序技术挖掘到数以百计的非编码RNA，结合其位置信息及突变体资源，通过观察、统计和分析这些突变体在蓝光、红光和远红光（这三种光是可见光中植物能够感受的主要组成成分）中以及黑暗下的幼苗形态（想想我们吃的豆芽和豆苗的样子），获得了一个非编码RNA的突变体。然而，这个非编码RNA由于"个头"较大，其内部隐藏了一个可能编码蛋白质的特征，这就让研究人员起了疑问：它到底是不是一个真正的非编码RNA呢？研究人员发现，将这个非编码RNA中可能编码蛋白质的区域破坏后再转入突变体中，依然能够使突变体回复至野生型（遗传信息未发生突变的个体）的状态，从而确证了该非编码RNA确实是以RNA形式直接发挥功能的。进一步的研究发现，这个非编码RNA是通过抑制红光下植物幼苗形态建成中的一个关键抑制基因（该基因的表达抵制光形态建成）的表达，促进红光信号开启幼苗形态建成的程序的。更有意思的是，如果将水稻中该非编码RNA的同源序列转入拟南芥突变体中，也能够很好地将突变体回复至野生型的状态，说明该种调控模式很可能广泛存在。

植物在营养生长期，要经过幼龄叶片到成熟叶片的转变，主要包括叶形的改变以及叶表皮毛（叶片表面的毛状衍生物，起保护叶片的作用）的产生。科学家研究发现，这个过程也需要非编码RNA的参与。在众多的非编码RNA中，有一类非编码RNA非常短，只有20多个核苷酸，广泛存在于动植物中，被称为"小RNA"。这些小RNA通过阻止其相应的基因（称为该小RNA的"靶基因"）的转录或转录后RNA的翻译发挥作用。研究人员发现两个短小精悍的小RNA一前一后串联起来发挥作用，保证植物由幼年期到成年期的转变过程的顺利实现。作为植物幼年期的核心调控因子，有一个小RNA在幼年期呈现高表达状态（即转录出很多小RNA分子），直接抑制其靶基因的转录，使靶基因不能发挥作用，以免植物早熟。随着植物逐渐长大，这个小RNA自身的表达水平会下降，其靶基因因此慢慢脱离了小RNA的控制，表达水平逐渐上升，发挥促进植物成熟的作用。与此相反，另一个小RNA在幼年期表达水平很低，其靶基因不被该小RNA控制而可以正常表达发挥作用，抑制植物成熟。随着植物逐渐长大，这个小RNA自身的表达水平会逐渐上升，其靶基因慢慢被该小RNA所控制，表达水平下降，促进植物成熟。通过这两个小RNA分别调控其靶基因的表达随着植物生长发育时期发生变化，最终实现营养期的顺利转变。

从营养期到生殖期的转变，即开花时间的调控，也需要非编码RNA的参与。很多因素能够影响植物的开花，植物在营养生长时期和处于不利生长环境时，都须要抑制开花。在这个过程中，一个被称为*FLC*的基因起到了关键作用（植物要开花，就要抑制住它的表达）。研究人员发现，有三类非编码RNA互相协作，从基因表达调控的不同方面共同抑制*FLC*基因的表达，帮助植物在感受到合适的环境信号后完成从营养期到生殖期的转变。

非编码RNA还参与了水稻育性的调控。在研究杂交水稻光敏雄性不育现象（同一个株系，长日照条件花粉不育，短日照条件花粉可育）的分子基础方面，研究人员目前确定了两个关键的基因位置均与非编码RNA相关。一个是能够产生较长的非编码RNA的区域（其中嵌套了一个较短的非编码RNA），该区域的一个碱基替换即可造成花粉败育。另一个是能够被一个小RNA切割的长的非编码RNA的区域，长的非编码RNA产生后被小RNA切割成多个新的小RNA，进而造成水稻花粉败育。

　　非编码RNA可长可短，既有短至二十几个核苷酸长度的小RNA，又有长过上千个核苷酸长度的长链非编码RNA。非编码RNA"神通广大"，从幼苗期形态建成到营养期转变，再到开花与结实的调控，都有它们的身影。虽然尚无法确定最初这些分子是否有着共同的起源并慢慢演化出变幻莫测的类型，但可以确定的是这些功能多样的非编码RNA分子是维持植物生长发育正常进行的法宝，不愧为隐藏在植物体内的"秘密宝藏"。总体来说，植物非编码RNA的功能研究才刚刚起步，随着技术手段的不断突破，相信不久的将来，更多深藏不露的非编码RNA会被科学家们探明，它们还有哪些能够保证植物精确成长的神奇功效，值得大家一起来探索。

第五章

多彩王国

　　植物的起源进化遵循从水生到陆生、从简单到复杂和从低等到高等的规律。藻类、菌类植物和地衣等低等植物结构简单，生活在水中或阴湿环境中。高等植物结构复杂，一般都有根、茎、叶的分化。苔藓和蕨类陆生植物的受精作用依赖于水，从而限制了它们的发展。随着地球气候的变迁，裸子植物和被子植物依次进化出来，这些植物能生长在干燥环境中，且受精不需要水。裸子植物种子裸露，不形成果实。被子植物具有真正的花，能进行双受精，种子外层有果皮包被，在植物界种类最多，进化地位最高。为适应地球上不同的生态环境，被子植物分化出许多形态和功能独特的植物类群。这些植物一起组成了地球上多彩的植物王国。

大洋来客

"漠漠斑斑石上苔，幽芳静绿绝纤埃。路傍凡草荣遭遇，曾得七香车辗来。"白居易的这首《石上苔》描写了一种日常生活中常见却不太被关注的植物——苔藓。苔藓是目前已知等级最低的高等植物，与其他种子植物不同，它无花，无种子，以孢子（脱离亲本后能发育成新个体的生殖细胞）繁殖。它的种类非常繁多，达23 000多种。它看似柔弱，却遍布世界，可以广泛生存于热带、温带和寒冷地区（如南极洲和格陵兰岛）。苔藓又被称为"自然界的拓荒者"，它分泌的腐蚀性液体可以加速岩石风化，促进土壤形成。另一方面，它也被用于指示环境污染、保持水土和提供肥料等。研究显示，苔藓还在地球生物圈的建立和发展过程中发挥着重要作用。

在距今4.5亿年前，地球大气中二氧化碳的含量是现在的

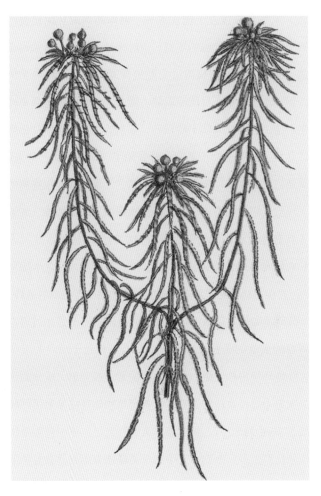

泥炭藓（*Sphagnum palustre*），1776—1781年，手绘图谱，
布雅德（P. Bulliard）

16倍，氧气含量接近于现代水平。地球的周围开始慢慢产生臭氧层，可抵御紫外线的照射。当时地球表面大部分被海洋所覆盖，只有赤道和南极附近有陆地裸露。虽然海洋中生机盎然，但陆地上却是一片荒凉寂静。随着一系列大的地质事件的发生，造山运动使大陆不断抬升，强烈的地质构造活动影响了地球环境。苔藓植物正是在这时开始了"义无反顾"的登陆，最终使自己的家族以及后代遍布全球，实现了陆地生物圈的繁荣。现阶段研究表明：在现今的生物圈中，苔藓植物、维管植物（具有维管组织的植物，维管是植物体内输送水分、无机盐和有机物等的管道系统）、陆生和淡水藻类，占总生物量的97%，并作为初级生产者支持着庞大的陆地生态系统的运转。

　　苔藓是如何实现从海洋到陆地的登陆的？又是如何取得如此辉煌的成就的呢？其中有不少艰辛。相较于海洋的温和环境，陆地环境堪称严酷。无处不在的紫外线照射、水分的快速散失和重力对生命体的影响，给苔藓植物的登陆带来了严峻的挑战。"苔花如米小"，但却能"武装"自己。不少藓类植物的叶片分化产生多层细胞，其中有一类厚壁细胞可以参与调节和控制植物体内外水分的平衡。除此之外，大部分苔藓植物还形成了厚壁的休眠孢子，孢子表面形成一层厚的胶质外鞘。这些特殊的生理机制为苔藓适应陆地的干旱环境提供了基础。

在不断演化的过程中，苔藓植物以及之后产生的维管植物具备了抵抗紫外线辐射损伤的能力。但是为了竞争光照和扩散生殖细胞，植物必须不断地向着植株高大的方向发展，这时就要面对重力影响和养分补给的问题了。苔藓植物首先实现了简单的茎叶分化，并且产生了与水分和养料输导有关的特化细胞。某些类型的藓类植物已经具有了类似维管植物的茎的结构。在吸收水分和养料方面，虽然苔藓植物分化获得了单列细胞形成的假根，但其只发挥了固着在土壤或岩石表面的作用。这也是苔藓喜欢生长在潮湿环境的原因之一。苔藓植物就是通过上述策略，一步步完美地破解了登陆的一系列难题，获得了被动适应陆地环境的能力。随后，不断演化产生的维管植物才得以广泛扎根于陆地环境。

令人惊奇的是，之后动物登陆也效仿了上述策略：首先产生了角质化的皮肤和起支撑与运动作用的内骨骼，之后实现了对呼吸系统以及负责营养物质运输的血液循环系统的改造。可以设想一下：在一片荒凉的陆地上，正是这些不起眼的登陆，造就了如今繁荣的陆地生物圈。现代科学研究细致描绘了这幅画卷。2016年8月发表于美国科学院院刊的研究结果，揭示了大气层中的氧气是何时以及如何达到现代水平的。他们发现早在约4.7亿年前，苔藓植物就已经开始在地球上迅速蔓延，成为地球上首个稳定的氧气来源，从而使之后的生命蓬勃发展。可以毫不夸张地说，如果没有这些毫不起眼的苔藓植物，也就没有今天的我们。

然而，上述种种事迹又是如何被记录，并被我们一步步发掘的呢？目前，科学家主要试图通过两方面来展示苔藓植物的"壮举"：一方面利用保存在不同地层中的植物化石进行分析挖掘，不断获得4亿—5亿年前植物的真实面貌，将生物演化的每个事件尽力重现。但这类化石材料可遇而不可求，往往无法满足人们的研究需求。另一方面，人们将现存的各植物类群按形态和分子生物学依据进行聚类分析，判断不同物种间的亲缘关系。通过以上两方面证据的相互佐证，最终勾画出一幅完整的植物演化发展的画卷。

现阶段证据表明苔藓是水生植物到陆生植物的过渡阶段。它是否也是藻类植物到种子植物的过渡物种呢？目前，仍有一些争议，有些科学家认为苔藓仅仅是植物登陆后的一个演化类群，并未发挥承上启下的作用。他们发现现阶段发掘的苔藓化石均呈现出与现代苔藓极其相似的形态特征，进而推断苔藓

的演化速度较慢，时至今日，仍与亿万年前无异。但是，是
否有个别类群的苔藓植物参与了植物演化的过程？由于缺乏
足够的化石证据，目前这仍是未解之谜，等待着我们去不懈
探索。

岁月痕迹

　　我们进入寺庙古刹，常常会被一种庄严肃穆的氛围所感染。那一棵棵参天古树犹如饱经沧桑的老者屹立庭中，默默见证着朝代更替和历史变迁。它们的树龄少则数十年，多则数百年甚至上千年。比如坐落于五岳之首泰山上岱庙中的一些古柏，被当地人称为"汉柏"，相传为汉武帝刘彻封禅时栽种。而河南省郑州登封市嵩阳书院内的"将军柏"，则据传是汉武帝游嵩山时册封，是目前我国已发现的最古老的柏树。

　　在现实生活中，各种树木围绕着我们，长松落落，卉木蒙蒙，春华秋实，一岁一荣。它们不仅美化了环境，还点缀和丰富着我们的生活。在我们一年一年长大的同时，它们也在悄无声息地以自己独有的方式记述着时光的流逝。和人一样，它们也有年龄，称为"树龄"。每棵树都有自己的树龄。树龄也

侧柏（*Platycladus orientalis*），1892—1898年，手绘图谱

是判断古树及其等级的一项重要标准，对树木尤其是古树的保护具有重要的意义。另外，树龄还对研究大气物理、地质环境以及考古有重要的参考价值。那我们是用什么方法来判断树龄的呢？

最古老也是最常用的方法就是数年轮。年轮是木本植物独有的记录年龄的方式，年轮出现在木本植物的茎上，是由"形成层"（树皮与木质之间能够不断分裂分化产生其他组织的一层细胞）在冬季和春季分裂的活力不同导致的。温带地区的树木，在经过寒冷的冬季进入春季后，由于气温回升、雨水充沛，形成层变得活跃，分裂旺盛，形成许多新的细胞，这些细胞大而壁薄，木质呈现出疏松而色浅的形态，称为"春材"或"早材"；当夏末秋初天气变冷、雨量减少时，树木的形成层细胞活动开始减弱，分裂也变缓，这时的细胞小而壁厚，木质呈现出质紧而色深的形态，称为"秋材"或"晚材"。由于当年的早材和晚材之间是逐渐过渡变化的，所以界线并不完全清楚。但是第二年的早材和前一年的晚材之间的界线却是非常明显的，结果就是在木材上出现一轮轮同心圆，我们称为"年轮"，一般每年只产生一轮。年轮就像树木的履历表，除了记录植物的年龄，还呈现每年降水量和温度的变化。降水量多、温度适宜，则年轮较宽，反之则年轮较窄。年轮还可以记录森林大火、霜冻、火山爆发等，因此对年轮的解读具有重要的意义。

　　这就产生了一个问题，即我们要知道一棵树的年龄，就得把这棵树伐下来，才能观察树段的横切面，数它的年轮。这该有多麻烦呀，而且还破坏环境。所以人们又想出了较简单的方法，即在不伐木的情况下，采用空心锥向树芯打孔取树段，打磨抽取出来的样本，在放大镜下观察其年轮进而估算树龄。但是，通过年轮来推算树龄的方法的局限性仍是显而易见的。比如，在热带生长的植物，由于没有明显的四季更替，它们并不形成明显的年轮；有些木本植物的形成层一年内有多个活跃期，从而在一年内形成了多个"年轮"；木本植物生长环境发生很大变化或者遭遇病虫害，也会影响年轮的正常形成；有些树木因树干中空腐蚀而无法辨认年轮。这些因素都造成无法通过数年轮来推算树木年龄。

　　除了数年轮的方法外，还有一种推算树木年龄的方法，是数树皮的层数。由于形成层的活动，树皮随着时间的增长而不断加厚，树木每生长一年，树皮也增加一层——树皮也具有一层层的结构。只要树皮不脱落，我们横切开树皮，就可以根据树皮的层数推算树木的年龄。

由于上述方法都会对树木造成伤害，所以人们便积极研究既不伤害树木又可以知道树木年龄的方法。其中一种方法就是数枝条。大多数植物每年会萌发一轮枝条，由树干底部到顶端总共萌发出的枝条的轮数，就是这棵树的年龄。这种方法简单易行，对树木本身不会造成任何伤害。但这种方法一般只适合温带地区树木，因为它们一般一年只抽出一轮树条，而对于热带地区的树木，或者枝条生长不规律的其他树木，枝条萌发轮数便不能准确反映植物的年龄了。

此外，还可以根据侧枝的年龄、侧枝的长度以及侧枝在树干上的高度，通过建立数学模型，来推算植物的年龄。这种测算方法虽然准确性较高，但过于专业，而且需要较大样本量，样本量不够会影响数学模型的精确度，从而造成计算结果不准确。

随着科技的进步，出现了一些使用仪器快速测定植物年龄的方法。比如，日本专家研制出一种类似于医用CT扫描仪的仪器。将植物树干圈入其中，便可快速测得其年龄，而且还可以通过三维扫描，重建茎部的断面图像。德国则研制出了树木断层扫描仪。它根据应力波传播的原理对树木内部结构进行无损检测，也能快速测得植物的年龄。由美国人威拉得·利比（Willard Libby）发明的用 ^{14}C（碳14，是碳元素的一种具有放射性的形式）测年法最早用于考古，近些年也用于植物年龄的测算。植物将从大气中吸收的 ^{14}C 同化于体内，通过新陈代谢达到和体内的 ^{12}C 的比例平衡。植物死亡后，便不再从大气中获得 ^{14}C，^{14}C 开始衰变，其衰变周期为5730年。通过比较所获得的树木标本的 ^{14}C 和现在存活的植物中的 ^{14}C，可以计算出植物的年龄。这些先进仪器或手段能快速测得植物的年龄，而且不需要伐树，不需要空心锥钻孔，但也有弊端，比如：仪器昂贵，使用成本较高；需要专业的技术支持；携带不便，只能采样回实验室进行测算。还有就是，CT扫描仪对植物的生长会有影响，而 ^{14}C 法只适用于死去的树木，所以一般仅用于古树的树龄测算。

　　除了上述方法，还有一种更直接的方法是查看文献，尤其是古树，有的地方志会特别记载。还可以走访周围的居民，打听古树的年龄。有的地方，古树可能是村庄的精神支柱或者图腾象征，村民对它们的来历耳熟能详，比如前面说到的"汉柏"和"将军柏"。但这种方法的弊端也很明显：并不是每棵树都会有记载。

由此我们可以看出，尽管随着科技的发展，准确快速测算树龄的方法层出不穷，但每种方法都有自己的利弊。因此，我们须要灵活运用、综合使用，以便更准确地推算树龄。而测知了树木年龄，有利于我们更好地进行古树保护，更好地管理森林植被。

时代穿越

　　"鲁隐公八年，公及莒人盟于浮来。"《左传》中的这句话说的是春秋时期，莒国的国君莒子和鲁国的国君鲁公，在浮来山（位于现山东省日照市莒县）的一棵银杏树下结盟修好一事。这棵树就是位于山东莒县定林寺内的"天下第一银杏树"，至今已有4000余年的树龄，算得上是世界上最古老的银杏树了，已被列为"世界之最"并载入《吉尼斯世界纪录大全》。

　　1943年，我国植物学家王战教授在四川万县（现重庆市万州区）发现了三棵奇异树木，其中最大的一棵树高达33米，树围近2米。当时在植物学界内，谁也不认识这棵树，甚至不知道它应该划归哪一属哪一科（"属"和"科"为生物分类体系中的两个级别，"属"为"科"的上一级别，一个"属"包含多个不同的"科"）。直到三年后的1946年，经过我国著名植物分类学家胡先骕和树木学家郑万钧的共同研究，才确定这棵树属于1亿多年前就已在地球陆地上存在的水杉（*Metasequoia glyptostroboides*）。从此，植物分类系统中又多了一个属：水杉属。这些古老的树种起源于遥远的过去，绵延至今，穿越时光的长廊，向我们诉说着历史，是名副其实的"活化石"。但是除了植物学家，很少有人会去认真研究这些古老的植物究竟属于哪一类。这里就不得不提植物中的一大类——裸子植物（种子裸露、没有果皮包裹种子的植物）了。

裸子植物是一类古老的植物，起源于3.5亿—4亿年前，经历多次气候变迁，其类群也沿着不同的方向进化，繁衍至今，是现代植物的祖先。从进化角度来说，植物从低等到高等，可分为苔藓、蕨类、裸子植物和被子植物。被子植物（种子有果皮包裹的植物），就是如今我们看到的绝大多数的开花植物，它们位于植物进化的顶端，具有复杂的真花器官。与之相对，裸子植物没有真正的花器官，但是却有类似的结构，即被称为"孢子叶球"的东西。大孢子叶球产生卵细胞，小孢子叶球产生精子，它们常常着生在植株的顶端或者是短分枝的顶端。

我们说裸子植物是植物从较为低等的苔藓、蕨类到高度进化的被子植物的过渡阶段，为什么这么说呢？

　　这里要先引入一个"配子体"的概念。举例来说，动物的染色体数目为$2n$，只有在形成精卵细胞的时候才会减数分裂为$1n$。但是，精卵细胞只是单独的细胞，没有形成一定的结构，不能单独存活。那么，如果这些细胞可以离开身体，可以自我复制，并且发育长大形成一个小生命体呢？这就是配子体的概念：配子体是产生配子（精细胞和卵细胞）且具有单倍数染色体的植物体。大多数植物的发育都是从雌雄配子结合形成合子（受精卵）开始的。先是合子发育成孢子体（产生孢子且具有2倍染色体数的植物体），孢子体再经过减数分裂形成配子，配子发育形成配子体，配子体再通过有丝分裂形成雌雄配子，雌雄配子经过受精作用又进行下一轮的循环。经过孢子体和配子体发育的这样一个完整周期，被称为植物的一个"生命周期"或"植物世代"。藻类和蕨类，以配子体发育为主，孢子体发育得很小，时间很短。而裸子植物则以孢子体发育为主，相应的配子体已开始退化甚至消失。到了被子植物，配子体已经完全消失，只简化成了卵细胞和花粉细胞。这是植物界的一个进化趋势：越高等的植物，配子体的结构越简单，不能单独存在，只能寄生在孢子体上，或者完全消失。

　　介绍完了裸子植物在进化中的位置，我们再来看看它有哪些成员吧。

世界上共有约800种裸子植物，其中我国有234种，大部分裸子植物都是高大的常绿乔木，如银杏、松柏、水杉等，它们茎干粗壮且不分枝，占据世界森林面积的一半以上。裸子植物在我国分布非常广，例如，东北地区和藏东南地区有大面积的落叶松分布；我国的暖温带地区分布有油松林、侧柏林；长江流域以南的亚热带地区则有马尾松和杉木分布。很多常年生长在深山中的裸子植物都属于孑遗植物。孑遗植物起源久远，故也称作"活化石植物"。这些植物大部分已因地质和气候的变化而灭绝，目前只在很小的范围内分布，其外形和在化石中发现的基本相同，保留了远古祖先的原始形态。而且，其近缘类群多已灭绝，因此比较孤立，进化缓慢。

剩下的一部分是低矮的灌木和藤本植物，例如红豆杉（*Taxus chinensis*）。红豆杉富含紫杉碱，具有麻痹中枢神经系统的作用，毒性极高，因此，红豆杉在西方被称为献给死神的"死亡之树"。然而，20世纪下半叶，紫杉醇的发现又赋予了这种植物治病救人的功效。红豆杉的树皮和种子中含有的紫杉醇可以显著抑制肿瘤的生长，具有极高的药用价值。另一种有意思的植物是百岁兰（*Welwitschia mirabilis*），也叫千岁

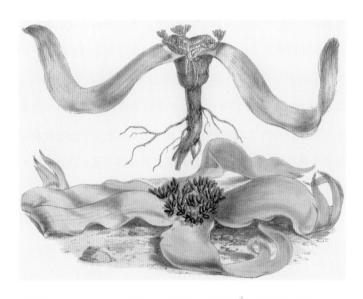

百岁兰（*Welwitschia mirabilis*），1864年，手绘图谱，贝恩斯（T. Baines）

兰，主要分布在非洲的安哥拉沙漠与纳米布沙漠中，一生只长两片叶，方向相反、对称展开，宽约0.5米，长可达3米。我们知道，一般在沙漠中生长的植物，它的叶片都会经过特化，极端的如仙人掌，叶片特化成针状，以减少水分蒸散。那么，拥有如此巨大叶面积的百岁兰是如何在沙漠中存活下来的呢？原来，它的叶气孔比较特别，可以吸收空气中的水分，此外，它的根也极长，可达3—10米，可以吸收流经沙漠底部的地下水。通过^{14}C测量推测，百岁兰平均寿命可达数百年，其中一些甚至可以活到2000年，故而得名。曾与恐龙活跃于同一时代的百岁兰是极其珍贵的孑遗植物，目前已是难得一见，只有在纳米比亚的狭长近海沙漠中才能找到。

了解上面这些知识后，是否觉得这些古老而神奇的裸子植物正焕发着无穷的魅力呢？

万寿无疆

"福如东海长流水，寿比南山不老松"可能是中国人为老人祝寿时最常用的吉语了，八九十岁对于人与大多数动物来说已是高龄，而上百岁的树木却不罕见。2008年，由瑞典的一位科学家带领的科研小组在瑞典中部地区发现了一棵欧洲古云杉（*Picea abies*），经推断，这棵古树已经是9550岁的"高龄"了，而且生命力依然很旺盛。这棵云杉作为世界上最长寿的树创造了新的吉尼斯纪录。人们不禁疑惑，这些树木到底凭借怎样的本领实现"万寿无疆"的呢？

从外部环境来讲，古树之所以能够存活上千年，有许多机缘巧合。或是因为环境适宜，灾害罕至；或是因为远离人烟，或材不可用，而免于刀斧；或是身处庙宇，作为神树被人类供奉保护。总之，环境与树木的寿命有着密不可分的关系。当

欧洲云杉（*Picea abies*），1873年，手绘图谱

然，也有树木自身神奇奥妙的生物学因素在起作用。

从植物本身来看，其长寿的原因首先在于其生理和形态特性。根深才能叶茂，根系是植物的命脉，承担着固着支持、吸收水分和无机盐、贮藏及输导等重要功能。陆生植物根系庞大，既深且广，树木地下根系的总面积通常会大大超过地上的枝叶覆盖面积。叶片通过蒸腾作用将水分散失到体外而产生蒸腾拉力，加上根系由于自身的生理活动产生的根压，在这两种力的共同作用下，根将吸收的水分和矿物质沿植物体内的输导组织由下向上运输到植物的各个部分。不难发现，凡是"高寿"的树木几乎都有极为发达的根系扎入很深的地下，这有利于适应各种不利环境。

树木的茎（树干）由内到外可分为髓心、木质部、形成层、韧皮部和树皮几个部分。髓心部分是薄壁细胞，是用来储存养料的。木质部与韧皮部均为植物体内的输导组织。木质部负责由下向上运输无机物；而韧皮部负责运输有机物，方向没有限制。处于木质部和韧皮部之间的形成层是一种分生组织，既可以向外分裂生成韧皮部，也可以向内分裂生成木质部。外面的树皮保护着树干免受外界的机械损伤以及温度剧烈变化的影响。当环境恶化、枝叶负荷过大或生长过于长久时，髓心的薄壁细胞就会逐渐耗尽，树木的生长也会变缓直至停止生长。但只要木质部和韧皮部还存在，树木就能够继续存活下去，这也是很多古树虽然树干空心却依然长寿的原因。同时，树木体内还含有一些具有强烈的杀虫抑菌作用的化学物质，可以大大减少病虫害。

植物长寿的根本原因在于其体内存在一群长期保持未分化状态的细胞：植物分生组织细胞（或称"植物干细胞"）。其一方面具有不断自我更新的能力，另一方面具有很强的再生能力，可以分化成许多成熟的细胞或组织，从而驱动植物生长和发育过程中新细胞的连续产生。根据其所处位置不同，可将植物分生组织分为顶端分生组织和侧生分生组织。其中顶端分生组织又分为茎尖分生组织和根尖分生组织。这些分生组织的干细胞以较高的频率分裂，并具有显著的特征，即原始母细胞保持干细胞活性的同时，子细胞也获得一定的分化。

植物在生长发育过程中，可能遭受各种不利环境的胁迫，植物的应对方式之一是选择性地死亡一些细胞或组织，这样既可以防止这些细胞或组织中可能已受损伤的DNA继续复制，也可减少和阻止其他细胞的衰亡。虽然动物也依赖类似的机制，但植物对这种机制的利用则更为有效。除了这些干细胞，科学家经研究还发现，植物根系中的另一种特殊细胞也是植物长寿的关键因素。这些细胞的分裂频率只有正常生长中的细胞的1/10—1/3，因此通常被称为"静止中心细胞"。它们控制周围干细胞的活动，如果必要还可以随时替换它们。研究人员已经确定了一个新的分子网络，增进了我们对干细胞调节和活性的理解。这个过程中的核心因子是新发现的一种蛋白质。科学家证明，静止中心细胞几乎不分裂是因为这种蛋白质活性被抑制，而当静止中心细胞须要分裂以替换受损的周围干细胞时，该蛋白质就会被激活，随即刺激植物产生一种植物激素——磺肽素，该激素随后刺激静止中心细胞分裂，最终导致分生组织的干细胞迅速分化，形成新的组织。

因此，植物虽然不能像动物那样遇到危害随时移动，但是却能非常"有智慧"地应对环境的胁迫。在长期的进化过程中，植物利用自身特殊的生理结构、细胞分裂和分化方式及调控机制，让自己处于虽然缓慢却持续不断的生长状态，从而得以"长命百岁"甚至"万寿无疆"。

热情洋溢

  说到植物与动物的区别，我们一定会想到植物的不可移动性。虽然"行动不便"，但植物在自然界的生长分布范围却相当广泛。从物种丰富的森林、草原到气候恶劣的沙漠、极地，从神秘的大洋深处到险峻的高山之巅，我们都可以寻觅到植物的踪影。面对不利的生存环境，植物不像动物那样选择躲避或改变，而是进化出了一套自己独特的生存技能，以完成繁殖的使命，世世代代繁衍下去。这其中最有"热情"、最具"乐观精神"的当数以臭菘、海芋等为代表的在寒冷环境中自身发热的植物。真是"世界以痛吻我，我要报之以歌"！

  早在200多年前，生物学奠基人之一、法国著名博物学家让·巴蒂斯特·拉马克（Jean-Baptiste Lamarck）就对天南星类植物海芋（*Alocasia odora*）的花器官产热现象进行了描述。此

臭菘（*Symplocarpus renifolius*），1878—1879年，手绘图谱

后，生殖器官发热现象在越来越多的植物种类中被发现，既包括苏铁等裸子植物，也包括睡莲等被子植物。通常，这类植物的花器官从开花时便开始产热，并一直持续到花粉从花药中释放出来才停止。其中最令人惊讶的是，一种生长在东亚地区的臭菘（*Symplocarpus renifolius*）甚至在外界温度低至−10℃时，都可将自己肉穗状花序的温度维持在22—26℃并持续数日，足以把周围的冰雪融化。那么在本就严酷的自然环境下，这些植物如此"费尽心机"地消耗自己的能量物质向外界释放热量究竟是为了什么呢？已有报道指出，植物在开花期间产生热量一方面是为了抵抗外界低温的威胁，另一方面是为了促进一些具有刺激性气味的化学物质挥发出来以吸引昆虫进入温暖的花苞帮助其完成授粉。花器官的内外温差还可以加快局部的空气流动，促使花粉传播得更快、更远。经过大自然长期的选择，小小的一株植物都进化得如此严谨，不会白白浪费掉一点能量。

对于这种神奇的生物学现象，人们进行了更进一步的观察和探索。根据花器官的结构组成，可将具有产热特点的天南星类植物分为两类：单性花植物和两性花植物。顾名思义，单性花是指一朵花只有雄蕊或只有雌蕊。这种情况又可分为雌雄同株和雌雄异株两种，如玉米和部分天南星类植物属于雌雄同株，而柳树则属于雌雄异株。具有单性花序的天南星类植物，其雄性花和雌性花位于同一花序的不同部位。通常情况下，雌花位于花序的基部，而雄花位于雌花上部。两性花是指一朵花兼有完整的雄蕊和雌蕊。上文中提到的臭菘是迄今发现的唯一一种具有两性花的自身产热天南星类植物，其产热及热量调控特点与其他种类植物都非常相似。这种具有两性花的臭菘在同一个花序上长有大量的小花。每一朵小花由一个雌蕊和环绕其排列的四个雄蕊及四片花瓣组成。该种臭菘与其他自身产热的植物（如喜林芋和莲）相比，具有更加精确和持久的热量调控过程，因而成为人们研究植物产热机制的理想模型。

　　臭菘花序的发育过程可分为四个阶段：未成熟阶段、雌性阶段、两性阶段和雄性阶段。在未成熟阶段，花序刚刚出现，产热现象还未发生。在雌性阶段，花序上小花的花瓣轻轻打开使雌蕊柱头微微露出，同时，花序开始产生大量的热量，即使当时外界温度低于0℃，其内部的温度也可以维持在20℃左右。该阶段持续数日后，花序进入两性发育阶段。此时雌蕊基部的雄蕊开始在花序表面上出现，花序自身产生的热量已不足以维持其内部温度的稳定。在接下来的雄性阶段，臭菘的整个花序发育完成，雄蕊释放完花粉，产热现象随即结束。臭菘花序的发育过程与产热过程紧密相关，这或许也暗示了产热过程与该类植物生殖器官发育及受精过程存在关联。

随着科学技术的进一步发展，人们逐渐可以对植物产热这一过程进行更细致的观察，并且发现就许多具有单性花的产热植物而言，雄性花以及不育雄性花是主要的产热部位，如斑叶阿若母、海芋百合和喜林芋等。就具有两性花的臭菘而言，在雌性阶段，其雄蕊发育过程中旺盛的代谢活动和线粒体呼吸作用都会产生大量的热量——它们似乎在酝酿着一件极其兴奋的事情。除雄蕊外，雌蕊和花瓣细胞的细胞质密度升高，也积累了大量的线粒体，这对于整个花序的热量产生起到补充作用。同时，其两性花相对封闭的结构非常有利于温度的维持，这也是臭菘产热更加持久的重要原因。在两性阶段，随着花药中花粉的释放，雄蕊产热逐渐停止。这一信号通过某种人们还不清楚的方式传递给雌蕊和花瓣，使细胞中线粒体的数量减少，取而代之的是体积庞大而又冰冷的液泡。在接下来的雄性阶段，雄蕊中花粉释放结束。随着雌蕊和雄蕊之间这场激烈碰撞的完成，臭菘又恢复了往日的平静。

没想到大自然中竟然存在着这样一类植物，可以和动物一样表达自己"激动"的心情。人们对其产热调控机制的探索还在继续，或许有一天可以彻底解开这一神奇现象的奥秘。

坐南朝北

指南针是中国古代四大发明之一，在地球磁场的作用下，指南针上的磁针指向地理概念的南北极，从而起到指示方向的作用。指南针被广泛应用于航海、旅行、大地测量及军事等方面，并发挥着重要作用。自然界中的某些植物也可以起到指示方向的作用，这类植物也常常被称为"指南针植物"。

有一种指南针植物叫刺莴苣（野莴苣，*Lactuca serriola*）。刺莴苣是我们常吃的蔬菜莴苣的近亲，原产于欧洲，在北美、中亚以及我国新疆和内蒙古都有分布。因为它体内富含有毒的乳白色汁液，也被叫作"毒莴苣"，是农业生产上一种危害性较大的有毒杂草。然而，它还有另外一个名字叫"指南草"——因其叶子具有指示南北方向的能力。1983年，美国犹他大学的两位植物学家肯尼思·维克（Kenneth Werk）和詹姆

刺萵苣（*Lactuca serriola*），1761—1883年，手绘图谱

斯·伊尔林格（James Ehleringer）发现，刺莴苣的茎生叶（从茎上长出的叶）的叶面与地面垂直，叶轴呈南北方向。除了刺莴苣外，多种植物的叶子都具有南北指向的能力，如罗盘菊（*Silphium laciniatum*）等。罗盘菊主要生长在北美地区，包括加拿大的安大略省及美国的东部和中部地区。罗盘菊的叶子大小和形状变化较大，长度为4—60厘米，宽度为1—30厘米。罗盘菊的较大叶子的叶面与地面垂直，叶尖指向南方或北方。这类植物新长出的叶子方向是随机的，并没有指向作用。经过一段时间后，叶柄经过顺时针或逆时针的旋转，令叶片的叶面与地面垂直，叶尖就具有了指向作用。

　　指南针植物的这种指示方向特性是不是跟指南针一样由地磁作用造成的呢？为了回答这个问题，100多年前就有植物学家研究了指南针植物指示方向特性的形成原因及其可能的作用。然而，对于这个问题，不同的研究者有不同的观点。有研究者认为，指南针植物叶片的叶面垂直地面生长及其特殊的指向与地磁作用毫无联系，其主要的作用是使叶片最大限度地获得阳光的照射。而另外一些研究者认为，这种特殊的叶片生长方式其实是为了尽量避免受到阳光的照射。甚至有研究者认为叶片特殊的生长方式对植物的生长根本没有什么意义。我们知道，阳光照射的变化能够诱导向日葵改变方向。那么，"指南针植物"叶片的特殊生长方式是否也跟太阳照射有关呢？对植物的生长是否有特殊的意义呢？肯尼思·维克和詹姆斯·伊尔林格两位科学家对刺莴苣叶片生长特性的研究，为这个问题提供了答案。

这两位科学家研究了正常阳光照射条件以及没有受到阳光直接照射条件下，刺莴苣茎生叶叶片的生长特性变化情况。在正常条件下，与莲座叶（从茎基部紧贴地面呈辐射状生长出来的叶片）平行于地面生长不同，刺莴苣的茎生叶的叶面是垂直于地面生长的，叶子的两个表面朝向东西两个方向，而叶轴朝着南北两个方向。他们发现，与正常阳光照射生长条件相比，没有受到阳光直接照射的刺莴苣茎生叶的叶面不再垂直地面，而且叶轴的指向也没有一个固定的方向。因此可确定阳光的照射对刺莴苣茎生叶叶片的生长特性有重要影响。

有研究者认为叶子的形状对光照的吸收和能量代谢都有着十分重要的影响。刺莴苣的茎生叶有两种形状，一种呈浅圆裂状，另一种呈非浅圆裂状。浅圆裂状叶相对于非浅圆裂叶更适合生长在高温和光照较强的地区。刺莴苣茎生叶的特殊生长方式是否跟叶子的形状有关呢？研究发现，这两种刺莴苣的茎生叶的叶面都垂直于地面生长，叶面都朝向东西两个方向。因此，叶片的形状与刺莴苣的茎生叶的特殊生长方式并没有直接的联系。

刺莴苣这种特殊的叶片生长方式到底有什么意义呢？原来，这类植物大多数都生长在较为干旱的地区，叶片的这种特殊生长方式有利于植物更好地利用光照进行光合作用和减少水分蒸发。研究发现，越是干旱的地方，这种植物指示方向的能力越强。光合作用和蒸腾作用是叶片的基本生理活动，两者之间存在一定的补偿关系，而这与阳光的照射有十分紧密的关系。叶片上的气孔是植物获得外界碳源和蒸腾水分的主要通道，气孔的开闭对调节光合作用和水分蒸腾有重要的作用。上午太阳刚刚从东边升起的时候，外界环境的温度较低，叶片的水分蒸腾较少，气孔张开，茎生叶的一面能最大面积地受到太阳的照射，因而能获得更多的阳光，更好地进行光合作用。中午太阳光垂直照射，水平生长的叶子因为受到较多的太阳光照，叶片温度升高很快，蒸腾作用增强。为了减少水分蒸发，叶片的气孔关闭，光合作用也相应地减弱。叶片的叶面垂直地面生长的叶子受到光照的面积较小，温度升高没有那么明显，水分蒸发和气孔关闭的压力也相对较小，因而光合作用能够持续进行。到了下午，太阳偏西，叶面垂直地面生长的叶子的另一面同样能获得最大面积的阳光照射，而这个时候外界温度降低，蒸腾作用减弱，气孔张开，因此能够进行更为有效的光合作用。

除了叶子有指向能力外，植物是不是还有别的特性也能指示方向呢？无茎蝇子草（*Silene acaulis*）主要分布在欧亚大陆苔原（冻原）地区和北美的高山地区，常呈密集垫状生长，这种特殊的生长方式也具有指示方向的作用。与前面提到的植物不同，无茎蝇子草的叶子并没有指示方向的能力。然而，因为阳光照射的不同，其主要生长在山坡的南侧，而且其垫状体南端的部分开花最早，因此也可以做指示方向的植物。所以，当我们在野外旅游或探险时，如果没有带指示方向的工具，可以充分利用这些"指南针植物"来辨别方向。

引火烧身

离离原上草，一岁一枯荣。野火烧不尽，春风吹又生。

——白居易《赋得古原草送别》

此诗涉及一种非常特殊的生态因子：火。关于火，东方有燧人氏钻木取火的传说，西方则有普罗米修斯盗取天火的神话，火的发现和利用无疑是人类文明史的重要转折点。但植物与火的联系却要远远早于人类。尽管光合生物的出现使得地球氧气含量在5.4亿年前的古生代早期就达到可以支持燃烧的水平，但当时地球上还缺乏陆生植物这样的燃料。陆生植物最早出现在距今约4.4亿年前。有充足的氧气，有可燃的陆生植物，再加上火山和雷电，野火发生的条件都已经具备。此一时期植物灰烬化石的发现为野火的起源时间提供了决定性的直接证

北美短叶松（*Pinus banksiana*），1890年，手绘图谱，
弗朗兹·鲍尔（Franz Bauer）

据。在与野火亿万年的漫长抗争过程中，植物与火的关系也发生了微妙的变化。2007年，国际生物多样性保护组织——大自然保护协会初步评估了全球陆生生态系统的火倾向，发现超过一半的陆生生态系统属于火依赖型。在火依赖型生态系统中，物种发生了对火的适应性进化，不仅自身具有易燃特性，而且群落的结构也有利于火势的扩散。

　　大部分针叶林就属于火依赖型生态系统，野火对于整个生态系统种群的形成、维持和更新都具有重要作用，可以说是"不烧死不成活"。分布在加拿大及北美的短叶松（*Pinus banksiana*）的松果被厚厚的松脂包裹，需要50℃以上的高温才能将其熔化，释放出内部的种子。然而，处于寒温带的北美区域不可能出现50℃以上的高温自然环境，那短叶松怎么才能完成种子的传播呢？没错，就是依靠火。依靠自然发生的野火，北美短叶松通过毁灭自己来完成繁殖的终极使命。相似地，分布在北美西部的扭叶松的球果可以保持数十年不开裂，直到野火到来。野火的发生存在许多不确定的因素，大规模的野火频率并不高。好在这些裸子植物的寿命够长，足以等到生命中属于自己的野火。而对于一些依赖火但寿命又不够长的被子植物来说，相对低频的自然野火显然不能满足它们的需求，

蓝桉（*Eucalyptus globulus*），1890年，手绘图谱

毕竟被雷电劈中或遭遇火山喷发是概率小之又小的事件。但它们有自己的办法，那就是"引火烧身"，例如有"汽油树"之称的蓝桉。蓝桉（*Eucalyptus globulus*）的树叶中含有大量易燃易挥发的化学物质，种子成熟时，蓝桉的树皮和树叶会大量脱落铺满地面，而剥落的树皮会像剥开的香蕉皮一样，架起地面和树干之间的引线。万事俱备，只要星星之火，便可触发蓝桉的连环"机关"，造成燎原之势，摧毁整片树林。毁灭性的野火不仅清除了其他不耐火的植物以及食草的动物和昆虫，留下阳光充足的空地，还为土壤提供了草木灰这种丰富的养料，着实营造了幼苗生长的温床。不出意外的是，蓝桉的种子靠着木质外壳的保护，安全渡过野火的劫难，一场雨水过后，桉树林便欣欣向荣，独霸一方了。其实桉树家族的其他成员也有相似的特性，澳大利亚的森林大火很多都是由桉树自燃引起的，看来专爱吃桉树叶的可爱小动物考拉的生活远不像我们想象的那样轻松自在。

其实不光是森林中的乔木，一些草本植物也拥有"玩火"的本领。加利福尼亚州南部是美国火灾高发的地区，许多火灾原因不明。直到后来才发现，该地区广布的鼠尾草（*Salvia japonica*）就是"纵火"的元凶。鼠尾草和前面提到的桉树类似，也能产生易燃易挥发且闻之有异香的化学物质，经常被作为园林观赏植物种植。在鼠尾草密集的区域，当空气中的挥发性物质达到一定浓度时，高温干燥的天气就很容易引起闪燃，引发火灾。但鼠尾草并不像短叶松那样依赖野火繁衍生息，其"醉翁之意不在酒"。它们产生的易燃化学物质的作用其实是抑制其他植物的生长，以在竞争中取得优势。研究表明，鼠尾草叶片挥发出的这类化学物质被土壤吸收后，可以抑制其他植物根尖分生组织的细胞分化和DNA合成。鼠尾草的致命毒药使得多数植物不能与之共存，唯一例外的是"师出同门"的加利福尼亚蒿类——同样依靠着类似的挥发物，成为该地区的优势物种。真正称得上"引火烧身"的草本植物是地中海岩蔷薇（*Cistus ladanifer*）。岩蔷薇非常适应地中海气候，生长能力强，加上植株含有让食草动物敬而远之的毒素，一度成为侵占农田的害草。最开始人们采用火烧的方式防治岩蔷薇，结果越烧越多。原来和蓝桉类似，岩蔷薇的叶片能够分泌易燃的油脂，种子也有"防火服"。岩蔷薇分泌的油脂在气温达到32℃时就会燃烧，强烈的阳光照射便能使其达到燃点，相较而言，其"玩火"技能更胜一筹。

尽管火灾于人类意味着经济损失，但越来越多的证据显

岩蔷薇（*Cistus ladanifer*），1804年，手绘图谱

示，火是自然生态体系中不可或缺的因素。正如这一节开头提到的，"野火烧不尽，春风吹又生。"试想，如果没有野火的灼烧，又怎会有春风吹拂下的生命复苏呢？随着文明的发展，火也成了人类生活中必不可少的一部分，野火的发生和人类的关系也更加密切。如何管控和利用野火，在避免损失的同时兼顾野火的生态效应，是值得深入思考的问题。不得不说，在与极具破坏力和毁灭性的野火相处方面，植物远远超过人类。浴火重生的奇迹，在丰富多彩的植物王国，是再平常不过的事了。

不劳而获

　　古人云："人生在勤，不索何获。"有付出才有所得，通过自己的劳动获取应得的成果，是生物界的一个普遍生存原则。然而，也有一类"不劳而获"的植物群体，它们坐享其成，并因此落得器官退化，却依然蓬勃生长，这一群体便是寄生植物，菟丝子（*Cuscuta chinensis*）是其中的代表。

　　寄生植物是植物中的一个特殊类群，它们的根系或叶片器官退化，且缺少足够的叶绿体，失去了自养能力，依赖其他种类植物体内的营养物质完成其生活史。寄生植物的一个普遍特征是它们具有一种特殊的固着器官——吸器，以此吸取寄主的营养。寄生植物的吸器是一种类似根的组织，能够穿过寄主的表层而最终到达寄主中负责输送水分和营养物质的输导组织，并与之相通形成一个"生理桥"，营养物质可通过生理桥从寄

欧洲菟丝子（*Cuscuta europaea*），1922—1926年，手绘图谱

主植物单向转移到寄生植物。吸器内部新陈代谢活跃，可将寄主植物的碳、氮化合物进行加工转变为易吸收的物质供给寄生植物。

寄生植物是一种既懒惰又挑剔的植物，自身不产生营养物质，却对寄主和生存条件要求很高。寄生植物靠种子繁殖，常常借助风力、水流、农业机械或者其他载体进行传播。寄生植物的种子作为它极其重要的一部分，自然也有一些特性。

首先，寄生植物的种子具有很长的休眠期，短则数月长则数年，有时仅种子的成熟过程就要耗费两个冬季。然而即便在经历漫长的成熟期后，寄生植物的种子对于萌发的条件仍然十分挑剔。许多寄生植物的种子未经任何处理时萌发率极低，在寄主植物产生一些化学信号刺激后才打破休眠期，从漫长的沉睡中醒来，开始萌发。人工处理也可使寄生植物的种子萌发，浓硫酸处理是一种较好的选择。除此之外，寄生植物虽然大部分具有广寄性（可以寄生在大部分植株上），可只有寄生在适合自己的寄主上才能旺盛生长，而在一些不适合的寄主上只能勉强维持生存。事实上，菟丝子对寄主的选择主要与寄主体内的次生物质有关。

寄生植物的典型代表是菟丝子，又叫豆寄生、无根草、金黄丝子等。世界上共有170种菟丝子类植物，主要分布在美洲，中国共有14种，主要分布在新疆。菟丝子不具备根和叶的构造，茎表面光滑且具有攀缘性，总体上看只有淡黄色或紫红色的藤状茎，会开出白色或淡红色的小花。

菟丝子在其生长发育过程中不断受到水分、光照、温度等环境因子的影响。菟丝子适合在高温高湿的环境中生存。光照是它发育过程中一个必不可少的因素，因为只有在光照下，菟丝子才能对寄主进行缠绕并产生吸器，吸取寄主的营养物质。

正如人类社会中不劳而获的人往往会损害他人的利益，菟丝子等寄生植物也会在寄生过程中严重阻碍寄主植物的生长发育。菟丝子的叶绿体含量过低，其微弱的光合作用完全无法支持自身的生理活动，因此菟丝子常常寄生在豆类植物上。寄主植物产生的营养物质相当大一部分被菟丝子吸收，导致寄主的果实数量和质量都大幅下降。豆类植物是寄生植物最喜爱的寄主，因为它们较高的氮含量为菟丝子等植物提供了丰富的营养。大豆一旦被菟丝子吸附，每年的产量和质量都会大幅度下滑。寄主植物作为寄生过程中的受害者，正可谓"采得百花成蜜后，为谁辛苦为谁甜"。

也正因为对寄主植物的危害，菟丝子被认定为是世界范围内的恶性寄生杂草，它的防除工作一直备受关注。然而，这项工作并不轻松，原因在于菟丝子不仅生存能力强，对寄主的普遍适应性更是让人束手无策。菟丝子类的植物普遍具有广寄性，每一种植物都会有上百种寄主。因此在喷洒农药或使用其他手段对寄生杂草进行清除时，往往要考虑到寄主植物的特殊性，给防除工作增加了困难。菟丝子数量较少时，可以选择人工拔除，而大部分情况下菟丝子成片生长，仅仅依靠人工无法解决，目前人们常常会使用化学药剂对菟丝子进行清除。不可避免的是，化学方法会对寄主植物产生一定危害，给农业生产带来不利的影响，因此，生物防治菟丝子是目前研究和未来发展的一个主要方向。生物防治成本低廉，清除效果较好，不会污染环境，同时不影响农产品的质量，可以说是最适合的一个选择。

虽然在农业生产上，菟丝子作为杂草使人深恶痛绝。然而，抛开它对寄主的伤害不谈，菟丝子其实也是一类重要的药用植物。菟丝子含有多种在补肾、调节免疫、保肝等方面起确切作用的化学成分，这些化学成分也有助于改善亚健康状态、延缓衰老、调节心脑血管系统。

菟丝子，一种让人爱恨交加的寄生植物。我们不喜欢它

　　"不劳而获"的习性及其引起的农产损失，却又对其独特的药用价值珍之重之。目前科学家们仍在致力于解决寄生植物引起的农业问题，相信在未来我们会看到一个完善的防除方案。如果能对寄生植物取其精华去其糟粕，使其"不劳而获"的成果被人类更好地利用，那么我们对菟丝子等寄生植物的印象就有可能改观，而不再一概以恶性杂草视之，欲除之而后快。

图书在版编目(CIP)数据

植物的身体 / 邓兴旺 王徭. —北京：图书印书馆，
2019(2021.9 重印)
ISBN 978-7-100-17582-1

Ⅰ.①植… Ⅱ.①邓… Ⅲ.①植物—普及读物
Ⅳ.①Q94-49

中国版本图书馆 CIP 数据核字(2019)第 126345 号

植物的身体

邓兴旺　王徭

图书印书馆出版
(北京王府井大街 36 号　邮政编码 100710)
图书印书馆发行
雅迪云印(天津)科技有限公司印刷
ISBN 978-7-100-17582-1

2020 年 4 月第 1 版　　　开本 889×1194 1/32
2021 年 9 月第 2 次印刷　　印张 8¾

定价：69.00 元